后浪出版公司

蚂蚁的故事

Bert Hölldobler
Edward O. Wilson

［德］博尔特·霍尔多布勒
［美］爱德华·威尔逊 著
毛盛贤 译

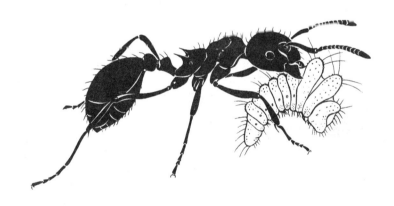

浙江教育出版社·杭州

图书在版编目（CIP）数据

蚂蚁的故事 / (德) 博尔特·霍尔多布勒, (美) 爱
德华·威尔逊著；毛盛贤译. -- 杭州：浙江教育出版
社, 2019.8
　　ISBN 978-7-5536-8651-6

　　Ⅰ. ①蚂… Ⅱ. ①博… ②爱… ③毛… Ⅲ. ①蚁科—
普及读物 Ⅳ. ①Q969.554.2-49

中国版本图书馆CIP数据核字(2019)第109061号
引进版图书合同登记号　浙江省版权局图字：11-2018-340

JOURNEY TO THE ANTS: A Story of Scientific Exploration
by Bert Hölldobler and Edward O. Wilson
Copyright © 1994 by Bert Hölldobler and Edward O. Wilson
Published by arrangement with Harvard University Press
through Bardon-Chinese Media Agency
Simplified Chinese translation copyright © 2019
by Ginkgo (Beijing) Book Co., Ltd.
ALL RIGHTS RESERVED
本书中文简体版权归属银杏树下（北京）图书有限责任公司

蚂蚁的故事

［德］博尔特·霍尔多布勒　　［美］爱德华·威尔逊 著　毛盛贤 译

选题策划：后浪出版公司　　　　　　　　　　出版统筹：吴兴元
责任编辑：江雷　沈久凌　　　　　　　　　　特约编辑：崔星
美术编辑：韩波　　　　　　　　　　　　　　责任校对：余理阳
责任印务：曹雨辰　　　　　　　　　　　　　装帧制作：墨白空间·黄海
营销推广：ONEBOOK
出版发行：浙江教育出版社（杭州市天目山路40号 邮编：310013）
印刷装订：环球东方（北京）印务有限公司
开本：720mm×1030mm 1/16　　　印张：16.5　　插页：68　　　字数：233 000
版次：2019 年 8 月第 1 版　　　　印次：2019 年 8 月第 1 次印刷
标准书号：ISBN 978-7-5536-8651-6
定价：78.00 元

读者服务：reader@hinabook.com 188-1142-1266
投稿服务：onebook@hinabook.com 133-6631-2326
直销服务：buy@hinabook.com 133-6657-3072

目录

前言

　　我们在 1990 年出版的专著《蚂蚁》获得了巨大的成功，惊喜地得到了广泛的关注。《蚂蚁》既是一本学术专著，也是一本关于蚂蚁科学研究的百科全书和蚁类学手册，主要面向该研究领域的学者。由于本书的主要目的是详尽地阐述蚂蚁的各项特点，所以里边呈现有大量的图表。此前《蚂蚁》精装版的封面尺寸为 26 厘米 ×31 厘米，书重 3.4 千克。简言之，面对如此厚重的一本专著，人们既不会轻易购买，也无法轻松地从头读到尾。

　　因此，《蚂蚁的故事》力求将更多的蚁学知识浓缩，并少用学术语言，尽量包容与我们研究同样课题和同样物种的不同观点。针对书中出现的一些专业术语，我们会及时给予相应的解释。

　　本书开篇就直入主题，然后逐渐展开并深入讲解蚂蚁的自然历史。开头，我们解释了为什么蚂蚁会取得如此惊人的成功。因为蚂蚁集群成员间的相互协作效率极高，并且它们每时每刻都在进行这种协作。高度发展的化学通信使得这一高效的协作成为可能。这种化学通信指的是：蚂蚁身体的不同部位可释放能够让巢伴尝到或闻到的不同化学物质，通过释放的化学物质，以及当时的环境情况，对巢伴发出报警、吸引、照料幼虫、供应食物等活动信息的现象。简言之，像人类一样，蚂蚁之所以能取得极大的成功，是因为拥有很好的通信系统。

蚂蚁以集群为生活单位，工蚁对集群的忠诚度近乎百分之百。这就造成了蚂蚁同一物种的不同集群间发生有组织的冲突远多于人类的战争。根据物种的不同，蚂蚁会单个地利用宣传、欺诈和监视等手段或将这些手段形成不同的组合以战胜对手。有一些极端情况：在一些冲突中，一方的蚂蚁会把石子投向对方；而在另一些冲突中，蚂蚁还会抢劫对方蚂蚁用作奴隶以增加所在集群的劳动力和战斗力。但是，在集群内部，甚至在那些为了捍卫领域完整而奋不顾身的集群内部，也并非总是和谐的。自私行为很普遍，特别是在争夺生育权期间，具有卵巢的工蚁有时会与蚁后竞争，它们会把自己产的卵放入公共抚育室。如果集群缺少蚁后，有时甚至是在蚁后还在的情况下，工蚁们也会为争夺蚁后地位而争斗。蚁学家已发现，蚂蚁集群在维系生存（对集群忠诚的一方）和发生争斗（意图控制集群的一方）之间维持着一种达尔文平衡。因此，集群成员的组织相当复杂，但也紧密相联。它们共同创造了一个巨大而协调良好的等价有机体，即著名的昆虫"超个体"（Superorganism）。

我们还会在书中谈到，蚂蚁出现于约 1 亿年前恐龙生活的时期，并很快遍及全球。像多数占据高度优势的生命形式一样——人类这一生命形式显然是个例外——蚂蚁经过繁衍出现了许多物种。① 现在蚂蚁的物种总数可能要以万计。它们在扩散过程中，已经形成了一些惊人的广布各处的适应类型。蚂蚁的第二部分进化成就，就是本书后半部分的主题。我们将全方位地阐释蚂蚁的生物多样性，包括群居寄生、行军蚁、游牧蚁、伪装（拟态）女

---

① 人类经过繁衍只剩下一个物种，即我们这个智人种。——译者注

猎手和构建具有温度调控功能的摩天大楼的建造者。

在我们二人的共职生涯中，我们共同花费了 80 多年去专心研究蚂蚁。我们有许多故事要讲，既有个人轶事，也有对自然历史的解释。我们还吸收了数以百计的其他蚁学家的研究成果。我们希望与读者分享我们自己和其他科学家所经历的兴奋和快乐。我们也希望通过阅读本书，能使读者认识到，这类昆虫在许多方面对人类而言都至关重要。

博尔特·霍尔多布勒

爱德华·威尔逊

1994 年 1 月 3 日

第一章 蚂蚁的优势

我们喜爱蚂蚁，所以我们以蚁学作为专攻的研究领域。全世界的蚁学家不超过 500 位，和他们一样，我们倾向于用独特的眼光把地球表面看作蚂蚁集群的网络。我们的脑海里都有一幅关于这些奋斗不止的小蚂蚁的全球地图。我们所到之处都有它们，并且它们的本性是可预测的，这使我们能够自在地与之相处。因为，与理解我们自身的行为相比，我们更好地学会了阅读它们的部分语言和理解其社会组织的某些设计。

我们钦佩蚂蚁的独立生存能力。蚂蚁可在人为产生的移动残片上生存，只要为它们留下一小片干扰程度最小的环境供它们筑巢、觅食并让它们借此繁殖后代，它们似乎并不在乎人类存在与否。也门亚丁和美国圣何塞的城市公园，乌斯马尔的玛雅神庙台阶和圣胡安街旁的排水沟，都是我们曾经的调查地点。在这些地方，我们专心到忘我地观察它们，带着我们毕生的好奇心，并享受着由此带来的审美乐趣。

蚂蚁的数量非常惊人。虽然一只工蚁的大小不足一个人的百万分之一，但从总体看，蚂蚁却是在陆地上占优势的生物，甚至可以与人类竞争。无论在何地，当你倚靠在一棵树上时，爬到你身上的第一个生物就可能是蚂蚁。当你在郊区小道散步观察地面时，请你数数看到的不同类型的生物，不出意外的话，蚂蚁的

数量应该是最多的。英国昆虫学家威廉姆斯（C. B. Williams）计算过，在给定时间内，地球上成活昆虫的数量为一百万个百万兆（10^{18}）。保守点说，如果其中的 1% 是蚂蚁，那么其整个群体就是一万个百万兆。一只工蚁的平均体重在 1 至 5 毫克之间（不同物种体重不一）。总体而言，地球上所有蚂蚁的总重量与我们全人类的总重量相等；但如果平均到各个小个体，其（单位面积的）生物量就会使整个地球陆地达到饱和。

因此我们可以说，在 1 平方毫米的地面范围内，你就能看到蚂蚁在动植物群的剩余空间生活着。它们围绕着这些生物，并影响着无数其他的动植物类型的进化。工蚁的主要捕食对象是昆虫和蜘蛛，大小相仿的工蚁组成狩猎队，把 90% 以上的猎物运回巢内用作食物。植物种子也是蚂蚁的食物，它们在运输种子时沿途散落的种子，还有未吃完的散布在巢内和巢外的种子，都为扩大植物物种的生存范围起了积极作用。它们疏松的土壤比蚯蚓的更多，并且由此使大量营养物得到了循环，这对陆地生态系统的健康发展有至关重要的作用。

由于在解剖学和行为两个层面的特化，蚂蚁占领了遍布陆地环境的不同小生境。在中美洲和南美洲的森林中，带刺的红切叶蚁把鲜叶和花朵碎片带进地下蚁巢，用来培植各种真菌；刺颚蚁属（*Acanthognathus*）的小棘刺蚁利用其像夹子一样的上颚捕捉弹尾目类昆虫；矫美锯蚁属（*Prionopelta*）的盲眼管形矫美锯蚁，钻入朽木裂缝深处以捕获蠹虫；行军蚁（army ants）组成的多种多样的队列几乎可以捕食所有动物。蚂蚁可捕食的猎物种类几乎是无限的，如残尸、花蜜和植物等。其他昆虫能到达的领地，蚂蚁几乎都能到达。还有一些极端的蚂蚁种类，它们生活在土壤深层，

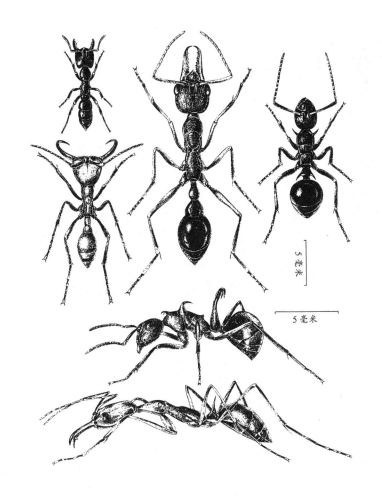

全球 9 500 个蚂蚁物种（以工蚁作代表）具有极端多样性。图上部中央是粗齿猛蚁属（*Myrmecia*）的喇叭狗大蚁；其左上是身体粗壮的鲁钝蚁，左下是游蚁属（*Eciton*）具镰形上颚的行军蚁。喇叭狗大蚁的右边是只多刺蚁。图下部依次是另一种多刺蚁和长上颚蚁。（由 T. 福赛斯画图）

几乎不会到土壤表面；在这些物种的上方，大眼蚂蚁占领森林的树冠层，而少数几类蚂蚁则生活在用其吐的丝编织的巢内。

在芬兰调查期间，蚂蚁的优势以特别生动的方式给我们留下了深刻的印象。在芬兰以北到北极圈的寒冷森林里，我们发现蚂蚁在陆地表层仍占优势。5月的一天，南海岸多数落叶乔木开始长出嫩叶，那天阴天、下着小雨且气温不高于12℃，这种天气至少对于我们这些衣着单薄的生物学家来说是不舒服的，但蚂蚁仍然

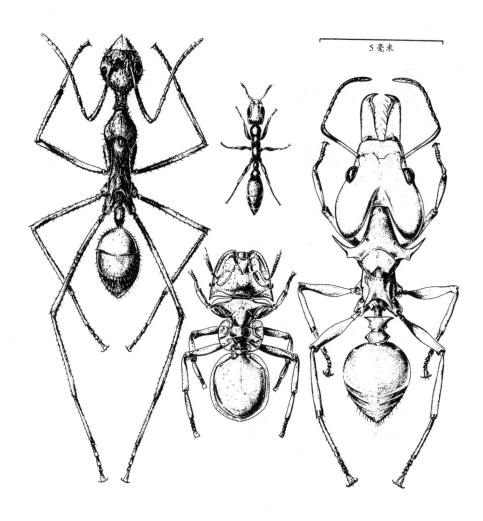

5毫米

南美洲蚂蚁的多样性。图左是长颈臭蚁，图中部由上至下分别是伪切叶蚁和扁平龟蚁，图右是具有多刺和长钳形下颚的螯蚁。（由 T. 福赛斯画图）

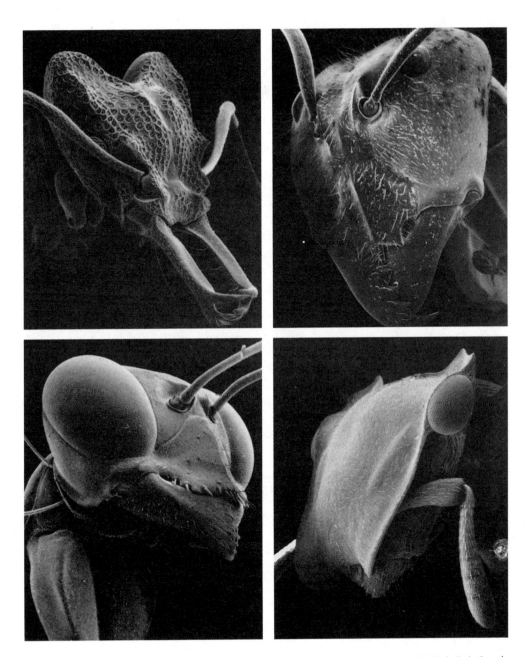

电子显微镜下蚂蚁头部的多样性。从左上开始顺时针方向依次是：来自澳大利亚的杂色长颚切叶蚁（*Orectognathus versicolor*），来自婆罗洲的世界最大蚁种之一的木工蚁（*Camponotus gigas*），来自南美洲的树蚁和坏巨蚁（*Gigantiops destructor*）。（扫描电子显微镜照片由埃德·塞林提供）

活跃于各处。它们大量出现在林区的各小道上、密布苔藓类植物的碎石间和沼泽地的草丛中。数平方千米的范围内，我们就发现了蚂蚁的 17 个物种，这是芬兰动物区已知物种数的 $\frac{1}{3}$。

筑堤蚁是蚂蚁中的地面优势种，其中红、黑蚂蚁与家蝇大小相当。某些物种的蚁巢呈圆锥塔状，由新挖掘出的细土、细枝节段和叶片构筑而成，每个蚁巢可容纳数以万计的蚂蚁居住。巢塔高可达 1 米或更高，对蚂蚁来说，这相当于一座 40 层的摩天大楼。蚂蚁可以随意地在蚁巢的外表面游荡。它们排成数个队列，每队列可长达数十米，并在同一集群的两相邻蚁巢间游走。它们是纪律严明的部队，就像我们从低空飞行的飞机上见到的高速公路中的大量车流一样。其他队列的蚂蚁则沿着附近的松树干鱼贯而上，在那里它们需要照料不同类型的蚜虫，并搜集蚜虫的含糖粪便。一些小队列蚂蚁负责捕食，在蚁巢附近的中间地带寻找猎物。我们可以看到一些捕食者连推带拉地把毛虫和其他昆虫拉回巢内。另一些小队列蚂蚁，正在攻击较小的蚂蚁集群，取胜后，就带着失败者的尸体回巢以作食物。

在芬兰的森林里，蚂蚁是能力首屈一指的捕食者、清洁工和松土机。当我们同芬兰昆虫学家一道，在岩石下、腐殖质上层和枯枝落叶层上方的断木上搜寻蚂蚁时，几乎到处都有它们的踪迹。在一个地区的动物生物量中，蚂蚁可能占 10% 或更多，尽管更精确的数据还有待得出。

在热带生境中，有人发现了与上述等量甚至量更大的活蚂蚁群。巴西的马瑙斯市是一座位于亚马孙河中游的主要城市，在其附近的热带雨林中，德国生态学家 L. 贝克（L. Beck）、E. J. 菲特考（E. J. Fittkau）和 H. 克林格（H. Klinge）发现，蚂蚁和白蚁的数量接近

当地动物生物量的 $\frac{1}{3}$，这相当于给所有类型的动物称重时，不管是大的还是小的，是上至美洲虎和猴子还是下至蛔虫和螨，得到的重量与蚂蚁和白蚁的重量相当。这两类昆虫连同其他两类占优势的集群生物无刺蜜蜂和异腹黄蜂一起，构成了惊人的高达80%的昆虫生物量。在南美雨林区，生活在林冠层的蚂蚁占绝对优势。在秘鲁的林冠层高处，蚂蚁个体数占所有昆虫个体数的70%。

热带地区蚂蚁的多样性，远高于芬兰和其他寒带国家的多样性。在秘鲁雨林区的一个8万平方米的样点，我们和其他研究者已经鉴定出300多个物种。在该样点的附近地区，仅在一棵树上我们就鉴定出43个物种，这几乎是整个芬兰或不列颠群岛的物种数。

尽管在其他地方我们还没有对蚂蚁的丰富性和多样性做出估算，但是我们认为，在世界其他大多数地区，蚂蚁和其他的社会性昆虫在陆地生境中占有同样程度的优势。总之，这些生物的生物量可能占整个昆虫生物量的一半或者更多。考虑到以下不均衡性：已经高度社会化的昆虫仅有 13 500 个物种（其中的 9 500 个物种是蚂蚁），而至今生物学家已识别的昆虫有 750 000 个物种（到现在已有 100 万余种）。因此，超过一半的成活的社会性昆虫是由占 2% 的物种组成的，而且过着组织良好的集群生活。

我们认为，上述丰富性和多样性的不平衡，大部分是由残酷的、直接的竞争性排斥而引起的生存斗争造成的。高度社会化的昆虫，特别是蚂蚁和白蚁占领了陆地环境的中心位置，这些昆虫逐退了蠹虫、黄蜂、蟑螂、蚜虫、半翅目臭虫和多数其他类型的独居昆虫，使它们离开了理想的稳定巢址。独居昆虫倾向于移居到更远的、暂时的栖息地，如远处的细枝，或极端潮湿、干燥或过于细小的木料上，或碎叶片和新近挖掘出的堤坝泥土中。一般而言，独居昆虫或是很小的，或是可以快速移动的，或是经过机智伪装的，或是防御严密的一类昆虫。或许这样有些武断，但我们还是提出了昆虫生态学的总体模式：蚂蚁和白蚁位于生态学中心，独居昆虫处于生态学边缘。

蚂蚁和其他的社会昆虫是如何在陆生环境中称雄的呢？其优势就源于它们的社会性。如果把一类物种的所有成员组织起来，并让它们步调一致地行动，就会有许多长处。当然，这一品性不是社会昆虫所独有的。在所有的进化历史中，社会化组织是最成功的战略。接下来，我们来谈谈珊瑚礁，它几乎覆盖了浅热带海洋的全部底层，是由集群生物，即由珊瑚游动孢子组成的集合体构成的。更准确地说，它们是过着独居生活和生活富足的水母的远房亲戚。人类，是地质史上最具优势的哺乳动物，也是到目前为止最具社会性的动物。

最先进的社会性昆虫，即形成最大和最复杂社会的社会性昆虫，是通过如下3个生物性状组合达到这一等级的：成体抚育幼体；在同一巢内，两个或更多个世代的成体生活在一起；每一集群的成员分成繁殖的"皇职"职别和非繁殖的"工职"职别。这一精英类群（昆虫学家称之为真社会类群）主要由我们熟悉的如下4类组成：

所有蚂蚁（依正式的分类学分类属于膜翅目的蚁科），在科学上已知的有9 500个物种（现已超过11 700个物种），至少是目前已知物种数的2倍[①]，多数分布在热带环境。

某些蜜蜂是真社会性昆虫。在隧蜂科（汗蜂）和蜜蜂科（蜜蜂、熊蜂和无刺蜂）内，至少有10个独立进化支达到了真社会水平。

某些黄蜂也具有真社会性。现已知胡蜂科内有约800个物种和细腰蜂科内的少数物种已经达到了这一进化水平。但是达到这一进化水平的物种只是极少数，这和蜜蜂的情况相同。数以万计属于黄蜂类，但分散在许多科内的其他黄蜂物种，仍是独居的。

白蚁构成了等翅目，它们都是真社会性的。它起源于类似蟑螂的祖先，距今1.5亿年，即中生代早期。其祖先在外部表现和社会行为方面的进化与蚂蚁趋于一致，但在其他方面与蚂蚁却毫无共同之处。在科学上，已确定的白蚁物种数有2 000多个。

在我们看来，促使蚂蚁成为世界优势类群的竞争优势在于，它是一个高度进化和具有自我牺牲行为的集群。

蚂蚁的长处在于劳动效率非常高。现用下面的劳动方案说明。假设有100只独居雌黄蜂与100只工蜂（同样是雌性）相互竞争，并排筑巢。在一天的劳作中，一只黄蜂可以筑一个巢，并捕获1条毛虫、1只蝗虫或其他猎物以作其子代的食物。然后，这只黄蜂在猎物上产卵和封巢。这些卵将孵化成如蛆样的幼虫，且幼虫以独

---

① 这里的数据指的是作者当时所在年代的数据，即1994年。——译者注

居雌黄蜂提供的猎物为食，最后发育成新的成熟黄蜂。如果雌黄蜂在上述一系列任务（直到封巢）中有一个环节出错，或者在执行顺序上出错，那么所有工作都会前功尽弃。

与黄蜂为邻的蚂蚁集群，以"社会单位"执行上述操作就自然而然地克服了所有困难。一只工蚁开始筑一蚁房以扩展蚁巢，然后把幼虫移到蚁房饲养以产生集群的新成员。如果这只工蚁在上述任务中有任何一步错了，则必要的任务可能会以其他的方式完成，这样集群也可以继续壮大。如果上述工蚁未完成筑蚁房的任务，另一只姐妹工蚁就会接替它完成。一些姐妹工蚁可能把幼虫移至新建的蚁房，另一些姐妹工蚁可能运来食物。蚂蚁集群中有许多"巡逻者"。在巡逻时，它们不停地往返于通道和蚁房之间，处理它们碰到的每一个突发事件，完成每一项任务。它们能比独居黄蜂更可靠地按顺序完成各项任务，且花的时间更少。它们好像工厂的一班工人，应对各种变化，并来回于各组装线之间，以提高整个工作的效率。

在领域纷争和食物争夺期间，社会生活的总策略极为重要。工蚁在战斗中要比独居黄蜂更为奋不顾身，就像拥有 6 条腿的敢死队队员那样勇猛。但独居黄蜂绝不会有这种行为。因为如果黄蜂被杀或受伤，达尔文游戏就宣告结束。如果黄蜂在劳作期间犯了严重错误，或者在筑巢和食物供应的必要环节上失败，就会是这一结局。但蚂蚁就不会有这种恶果。工蚁从一开始就没有生育能力，一旦死亡，很快就会有新生工蚁接替它。只要保护好蚁后，并让蚁后能继续产卵，死去一个或少数几个工蚁对未来基因库中的集群数不会有什么影响。重要的不是该集群的总个体数量，而是进入婚飞[①]的处女蚁后和雄蚁的数量，因为后者是建立新集群的

① 婚飞指成熟的社会性昆虫飞出巢穴进行交配的过程。——译者注

起点。假定蚂蚁和独居黄蜂间的消耗战会一直持续到几乎所有的工蚁都战死沙场为止，但只要在战斗中蚁后还活着，则蚂蚁集群就取得了胜利。幸存的蚁后和工蚁会迅速重建工蚁群体，通过产生处女蚁后和雄蚁重建集群。而独居黄蜂就相当于整个集群，它的死亡就代表着集群的灭亡。

集群对抗黄蜂和其他独居昆虫的固有竞争优势意味着：集群可为母蚁后（生育过的蚁后）提供维持自然生命的基本巢址和食料区。某些物种的母蚁后可存活20余年。在另一些集群中，年轻的蚁后在交配后仍可返回原巢内，这样集群就有更大的潜力——蚁巢和领域都可世代相传，这样遗传又附加了财产的继承作用。筑丘蚁（如蚁属的欧洲木蚁）的巢一般可维持数十年，这样它们就可年复一年地在这里繁衍蚁后和雄蚁。这样的集群具有潜在的永生性，尽管作为个体存在的、处于中心地位的蚁后在不断地死亡和替换。

蚂蚁集群作为超个体的效能还不止上述这些。它们筑的巢比独居黄蜂筑的巢更大，在巢内住的时间也更长，而且蚁巢的物理结构也设计得更精细，甚至还能调节环境。某些物种的工蚁在建巢时会在地层深处挖掘地道，以使巢内空气更为湿润。另一些物种的工蚁所挖掘的地道和巢室可与外部相通，促进了巢内新鲜空气的流动。在应急突发事件期间，蚂蚁可通过快速的集群响应扩大蚁巢；在干旱和炎热的环境下，许多物种的工蚁会自动形成一些"水桶队"，它们迅速地来回奔跑、以嘴对嘴的方式往巢的方向传递水，最后把水吐到巢板壁上；当仇敌破壁入巢时，一些工蚁负责攻击来犯之敌，而另一些工蚁负责营救幼蚁或修补被破之巢。

以人类标准来看，集群生活应该算是一种古老现象，但在昆虫的整个进化中却是相对近期的，自昆虫在地球上出现的后半期才具有社会性。昆虫是迁移到陆地的第一批生物，可追溯到约4亿年前的泥盆纪；在后续的石炭纪（3亿年前左右）的沼泽地中，它们变得极富变异性。至二叠纪（约2.5亿年前），森林中出现了大量的蟑螂、半翅目的臭虫、甲虫和蜻蜓，这与我们现在的生活中出现的物种大致相同，与它们混杂在一起的还有类似甲虫的原鞘翅目生物；类似巨蜻蜓的原蜻蜓目生物，其翅有1米多宽；其他昆虫的各个目现已绝灭。第一批白蚁可能出现在侏罗纪或白垩纪早期（距今约2亿年），蚂蚁、社会蜜蜂和社会黄蜂出现在白垩纪（距今约1亿年）。总体说来，真社会昆虫，特别是蚂蚁和白蚁成为昆虫中的优势生物的时间，不会晚于古近纪初（距今6 000万~5 000万年前）。追溯到超过人属整个时间跨度100倍的这段宏伟历史，给我们提出了一个悖论：既然集群生活对昆虫有这样大的益处，那么这种生活方式为什么迟至2亿年以后才出现呢？并且为什么在出现集群生活2亿年以后的时间内，又不是所有的昆虫都集群化了呢？以上两个问题可以更好地表述为，独居昆虫有哪些优点（至今还未提及）可能胜过社会昆虫呢？我们认为，答案是独居昆虫繁殖得更快，对有限的短暂性资源利用得更好。依靠捡拾蚂蚁和其他社会昆虫丢下的零碎食物，独居昆虫就可占领各个过渡性的小生境。

高等的社会昆虫要比独居昆虫繁殖得更慢，这似乎很奇怪。各集群毕竟是一些小工厂，为了大量生产新伙伴，在那里挤满了工蚁。但极为重要的事实是，繁殖单位是集群而不是工蚁。对黄蜂来说，每一个独居黄蜂都是潜在的父亲或母亲。而对蚂蚁来说，只有一个由数百或数千个个体组成的集群才能起到这个作用。为了获得能够建立新集群的处女蚁后——母集群，也就是超个体（繁殖单位），必须首先繁殖一批工蚁，这样它才能等价于一个性成熟的独居个体。

由于集群是个超个体，所以它也必须有一个大的运作基地。集群可以掌控木材和落下的树枝，但会让出那些散落的叶和碎树皮给那些行动快和繁殖快的独居昆虫食用。集群控制着稳固的堤岸，但会放弃临时性泥滩。集群从一个觅食地迁移到另一个觅食地的速度比较慢，因为在迁移时它们必须保证每个成员的安全。

所以独居昆虫是一个更好的先驱者。它们能在不同的地方得到意外的收获，比如一块新地上的幼苗、顺水冲下来的细枝、一片新叶，并能在所在地维持长时间的繁衍。而蚂蚁集群是生态学的主宰。蚂蚁集群成长得慢，移动也慢，但一旦开始移动就难以停止。

第二章　对蚂蚁的热爱

20世纪60年代至70年代，随着生物学普遍变革的进行，研究人员加快了对蚂蚁的科学研究步伐。昆虫学家很快发现，集群各成员遍布全身的一些特定腺体可分泌化学物质，而它们之间的通信，多数就是由这些物质的味道和气味构成的。这些科学家提出了"利他主义是通过血缘选择（kin selection）进化"的观点，这是通过无私地照顾兄弟姐妹获得的达尔文优势（Darwinian advantage），这些兄弟姐妹有相同的利他主义基因，并且这些基因是可遗传的。此外，这些科学家确定，精细的职别系统（蚁后、兵蚁和工蚁）和蚂蚁社会的特定性状，是由食物和其他环境因子决定的，而不是基因。

在上述情况下，从1969年秋天的新学期开始，霍尔多布勒作为访问学者，敲响了哈佛大学威尔逊办公室的门。虽然当时谁也没有想到，两个出生在不同民族、代表着科学的两个学科的人，在联合后很快就会对蚂蚁集群和其他复杂动物的社会有更好的理解。一个学科是行为学，这是一门在自然条件下研究动物行为的科学。行为生物学是二十世纪四五十年代在欧洲孕育和发展起来的。行为生物学强调了本能的重要性，这与传统的美国心理学明显不同。它也强调行为如何使动物适应特定的环境而生存下来。同时，它还研究动物错综复杂的生活周期中的各环节，如应回避

哪些仇敌，应猎取哪些食物，应在哪里筑巢，应在哪里交配，与谁以及如何交配等。以前的行为学家都是守旧派的博物学家（其中许多现在仍然是），他们在考察研究时，穿着沾满烂泥的长靴、带着防水的笔记本和挂在颈上被汗水浸蚀的双筒望远镜一类的全套装备。他们当中也有一些是现代生物学家，他们通过试验剖析影响动物本能行为的各个因素。将这两种方法结合起来研究就更科学了，这使他们发现了"信号刺激"（sign stimulus），为触发和指导动物的固有行为提供了相对简单的线索。例如，雄性刺鱼的红腹，在其他动物眼里只不过是一块红斑而已。但对其竞争对手——另一条雄性刺鱼来说，却完全是另一种意义的炫耀行为。这些雄性刺鱼，是对这块"色斑"产生程序化反应而不是对整条鱼，这与人类不同，人类通常看到的是整条鱼。

生物学年鉴记载着不少信号刺激的例子，例如乳酸的气味会使黄热蚊飞向它的猎物；紫外线照射在雄性硫化蝶翅膀上的反光，可以吸引雌性硫化蝶；如果水中有少量的谷胱甘肽，会使水螅的触须伸向疑有猎物的方向。类似的诸多动物行为，都已被行为学家了解。他们意识到，面对快速变化的环境，动物是依靠快速而精确的反应活下来的，因此它们必须依赖其感知世界的一些简单部件。这些反应往往很复杂，不像信号刺激那样简单，而且还要以正确的方式做出传递。动物很难有第二次机会对外界的变化做出反应，并且所有相关信息都是几乎在事先没有学习的情况下完成的，所以它必须有一个强大的、高度自动化的遗传基础。简言之，动物的神经系统实质上一定是硬连接。因此，行为学家有理由认为，如果行为是可遗传的，并且每一物种都有特定模式，那么我们就可以用以往的实验生物学技术（哪怕是一项解剖学或生理学过程的技术）逐个要素地对行为进行研究了。

至 1969 年，行为的影响单位已经可以细化到原子层面，这已经激励了包括我们在内的整个一代的行为生物学家。卡尔·冯·弗里施（Karl von Frisch）是行为学奠基者之一，他是一位伟大的奥地利动物学家，也是德国慕尼黑大学的教授，他的专业兴趣与我们相似，对我们产生了很深的影响。卡尔·冯·弗里施至今仍然是世界上最著名的生物学家之一——他发现了蜜蜂的摇摆舞和蜜蜂在巢内的精细活动，这些行为可告知其巢伴外面食源的距离和方向，这一发现让弗里施备受尊重。蜜蜂的摇摆舞，在今天仍然是动物界已知的一种最精细的符号语言。从更一般的意义上说，他在动物感官和行为研究方面所做的试验的独创性和简洁性，让他备受生物学家的尊重。在 1973 年，他和他的一位奥地利同事康拉德·洛伦茨（Konrad Lorenz，马克斯·普朗克行为生理学研究所前主任）以及荷兰人尼可拉斯·廷贝根（Nikolaas Tinbergen，英国牛津大学教授），因在行为学的发展上起了领导作用而获得了诺贝尔生理学或医学奖。

给动物社会带来新认识的第二个具有转折性的传统学科是群体生物学（population biology），其研究方法与上述行为学的研究方法完全不同，此学科大体起源于美国和英国。该学科研究由各有机体构成的整个群体的特性，以及群体作为一个集聚体是如何生长、分布，又是如何衰退和消失的。在多数情况下，群体生物学是用数学模型在野外和实验室对生活个体进行研究的。它很像人口统计学，通过跟踪各个体的出生、活动和死亡以推出群体的命运，从而得到有关生物发展的总趋势。它也跟踪各个体的性别、年龄和遗传组成。

我们在哈佛大学合作时就明白，在研究蚂蚁和其他社会昆虫时，行为学和群体生物学可以相互配合得很好。昆虫集群都是小群体，但我们可以通过集群个体的生活和死亡很好地了解它们。集群的遗传组成，特别是它们各成员的血缘关系，就预先确定了它们的合作本性。要想完全理解从行为学中学到的诸如通信、集群建立和职别的细节，我们只有把它们视为整个集群群体的进化产物才能做到。简言之，这是社会生物学——系统研究社会行为和复杂社会组织的生物学基础。

　　当我们开始谈论建立这一新学科和研究议程时，威尔逊40岁，是哈佛大学教授；霍尔多布勒33岁，是法兰克福大学讲师，正在美国休假。霍尔多布勒在返回法兰克福并从事教学3年后，受邀任职哈佛大学教授。后来，我们两人共同在哈佛大学比较动物学博物馆新建实验侧翼楼的第4层办公。在1989年，霍尔多布勒返回德国，在维尔茨堡大学新建的"T. 博韦里生物科学研究所"，指导一个部门全身心致力于社会昆虫的研究。

　　从某种程度上可以说科学是一种文化，它真正超越了民族差异，把不同的特质差异融合成整体的知识体，以便简单而雅致地表达，且通常能作为真理让大众接受。我们进入这一领域的原因，明显不同于科学的传统路线，我们是凭借童年时期对研究昆虫的共同兴趣和在成年心智发育的关键期得到成年人的激励而进入的。简言之，在我们的童年和喜欢捉弄昆虫的阶段，大人们没有禁止我们这样做。

　　在第二次世界大战爆发前夕，霍尔多布勒在（德国）巴伐利亚州的一个初夏度过了愉快的一天。当时他7岁，同在芬兰当军医的父亲卡尔回国休假，与家人团聚。他父亲回家乡奥克森富特探亲时，会带着霍尔多布勒在林区散步，边看边聊。但这不是一次简单的散步，他父亲卡尔是个热心的动物学家，对昆虫社会有着特别的兴趣。在研究与蚂蚁共巢的许多奇异小黄蜂和甲壳虫方面，他父亲是国际知名的专家。在这一背景下，发生下面的事情是很自然的：翻开路边的石头、小木头和挖开土壤看看下面有什么生物。他很清楚，这是昆虫学家的一种乐趣。

一块岩石下可能生存着一个大的木工蚁的集群。石块一掀开，它们就暴露在阳光下，棕黑色的小工蚁急速移动起来，并拾起如蛆一样的幼虫和用茧包着的蛹（它们未成熟的妹妹），钻进蚁巢的地下通道。这一突发性奇观使年幼的霍尔多布勒着迷。多么激动人心和美丽无比的世界！多么完好的组织形式！一个完整的社会在瞬间呈现，然后又魔术般地从视野中消失，这个木工蚁集群钻入地下，超乎人们想象地在重建地下世界。

靠近维尔茨堡的奥克森富特是一个中世纪小镇，也是霍尔多布勒的家乡。第二次世界大战后，他家在不同的时间有不同的宠物，其中包括狗、小鼠、豚鼠、狐狸、鱼、大蝾螈（被称为美西螈）、鹭和寒鸦。令霍尔多布勒感兴趣的"客人"是人身上的跳蚤，他把跳蚤放在一个小瓶子内饲养，用自己的血喂它，这就是他在科学研究中的早期尝试。

重要的是，受到父亲的激励以及得到母亲的支持，霍尔多布勒在家饲养了蚂蚁。他搜集活蚁集群，在人工巢内研究它们，描述它们不同的解剖学性状并观察它们的行为。对此，他感到无限喜悦。除此之外，他也采集蝴蝶和甲壳虫。生命的多样性已经深深刻印在他的脑海中，不可动摇，此刻的他希望以生物学作为职业。

1956年秋天，霍尔多布勒进入附近的维尔茨堡大学学习，想毕业后在中学教生物学或其他学科。但是在他毕业考试时，他有了更高的目标。他获准在母校攻读研究生，当时他的目标是获得博士学位。他的导师是卡尔·格斯瓦尔德（Karl Gösswald），一位红褐林蚁专家。这些大个头的红色或黑色的蚂蚁，每公顷约有数以百万计的成员集体／集群活动，所建的土丘巢遍布北欧的林区。格斯瓦尔德希望研究出红褐林蚁的快速繁殖方法，这样我们就可以不用杀虫剂转而利用红褐林蚁来控制林区毛虫和其他害虫对林区植被的破坏了。数代欧洲昆虫学家都注意到，每当食叶昆虫爆发时，红褐林蚁土丘巢附近的树都是健康的，其叶基本无损。这显然是红褐林蚁捕食了食叶昆虫的结果。直接的计算结果也表明，一个红褐林蚁的集群在一天内能捕食 10 万只以上的毛虫。

森林昆虫学的一位早期开拓者卡尔·埃舍里希（Karl Escherich）说过，"绿岛"（green islands）生存在红褐林蚁的保护之下。19 世纪 90 年代，埃舍里希是维尔茨堡大学的学生，他在当时世界上最有名的胚胎学家西奥多·博韦里（Theodor Boveri）的指导下进行学习研究。威廉·莫顿·惠勒（William Morton Wheeler）当时也是一位胚胎学家，后来成为美国蚁学家中的领军人物，那时他作为青年访问学者在维尔茨堡大学工作了两年，并随即把其主要研究工作转向蚂蚁。[①] 惠勒早年对蚂蚁的热爱感染了年轻的埃舍里希，受此影响，埃舍里希的兴趣从医学转向了森林昆虫学。惠勒晚年有关这方面研究的多部名著，影响了整整一代的德国研究者，其中就有卡尔·格斯瓦尔德。但在一开始，是霍尔多布勒

----

① 后来在 1907 年，他成为哈佛大学的昆虫学教授，因此他是威尔逊的前辈。——原书注

（当时是维尔茨堡的医学和动物学的高才生）把格斯瓦尔德引向了蚁学，他激励格斯瓦尔德这位青年学生沿着弗兰科尼亚（属于北巴伐利亚州）的主河道去探测石灰岩地区丰富的蚂蚁动物群。这次探测工作成就了格斯瓦尔德博士论文的基础。所以在以上研究中有两个谱系：第一个，惠勒—埃舍里希—卡尔·霍尔多布勒—格斯瓦尔德—博尔特·霍尔多布勒；第二个，惠勒—弗兰克·卡彭特（Frank Carpenter，威尔逊的哈佛大学教师）—威尔逊。这两个谱系都始于维尔茨堡大学的惠勒，然后分为两支，最后又在哈佛大学延续了德国在有关方面的研究。这就是科学继承的网状结构。

在维尔茨堡时，霍尔多布勒不止受到格斯瓦尔德的指导。在第二次世界大战结束后，由于他的父亲有一些蚁类学朋友，所以他在进入大学前便认识许多志同道合的人，其中就有瑞士的海因里希·库特尔（Heinrich Kutter）和卢森堡的罗伯特·斯通佩（Robert Stumper）。霍尔多布勒曾想转移兴趣到森林昆虫学领域，但他在儿童时期受到的影响，就像陀螺一样，把他又引回到蚂蚁研究中来。那时，他还受到汉斯-约赫姆·奥特鲁姆（Hansjochem Autrum）的启迪。奥特鲁姆经常会举办动物学讲座，是世界著名神经生理学家之一，他也激励了很多人。

当霍尔多布勒还是本科生时，他接受的第一个任务是到芬兰从北至南对红褐木蚁进行调查。这是一份全日制工作，但是在调查时，他同样关注重要的木工蚁，其中包括在奥克森富特石块底下进行过"魔术表演"的蚁种。在卡累利阿共和国森林区做调查的那段日子，让他想起了他的父亲——在那里，他父亲在困顿中，度过了第二次世界大战的岁月。现在，这里已经成了人们可以悠闲地考察鲜为人知的动物群的场所。芬兰大部分国土都是荒野，特别是北部。通过对芬兰的林区和空地的考察，霍尔多布勒发现了很多以前不了解的昆虫，这使他更坚定了从事野外生物学研究的志向。

霍尔多布勒有意回避卡尔·格斯瓦尔德强调的应用昆虫学的概念和体系，而是凭其天性和早期训练更多地注重基础研究。在芬兰考察约 3 年后，他参加了由马丁·林道尔（Martin Lindauer）在法兰克福大学主持的研究生课程。林道尔是弗里施最有天资的学生之一，并被普遍认为是弗里施事业的继承者。20 世纪 60 年代，林道尔及其门徒，正处在研究蜜蜂和无刺蜜蜂的新一轮高潮中，而法兰克福就成了名副其实的"冯·弗里施-林道尔学派动物行为研究中心"。其传统不只有一支研究团队和一套技术，还有其研究哲学，即基于对生物特别是对生物与自然环境相适合上要充满爱心和同情心。在上述一套完整的有机组成的研究技术规定下，你可以任意选择研究的物种。你可以试图去了解，或至少试图去想象，生物的行为和生理机能是如何使生物适应现实世界的。然后，选择一个可分离和分析的行为，就好像该行为是可供解剖的结构一样。选定后，按照最有把握的方向进行研究，不要害怕在该方向上出现的新问题。

每一个成功的科学家都有几个发现自然奥秘的方法。弗里施本人就有两个这样的方法助他取得了巨大成功。第一个是密切观察蜜蜂从蜂巢到蜜源以及返回的飞行路线，这是蜜蜂生活中容易被观测到和处理的部分；第二个是行为调节法，在这一方法中弗里施结合不同的刺激，诸如花的颜色或气味，然后放一杯糖水。在后来的一些试验中，蜜蜂和其他的动物会对这些刺激做出反应（假定这些刺激强烈到可被检测）。利用这一简单技术，弗里施首先确定，昆虫是可以看见颜色的。他发现，蜜蜂也能看见偏振光，

　　芬兰原始森林中的红褐林蚁（*Formica polyctena*）的大土丘蚁巢。这张照片是 1960 年霍尔多布勒在一次考察芬兰蚂蚁区时拍摄的，照片中的人是霍尔多布勒的朋友、芬兰蚁类学家海基·乌阿伦尼（Heikki Wuorenrinne）。

　　美国西南部奇瓦瓦沙漠蚂蚁的婚飞景观。夏季大雨使土地松软后，许多种的蚂蚁进行交配活动。霜傅勒臭蚁（*Forelius pruinosus*）的具翅雄蚁和雌蚁在灌木上爬行，并以此作为婚飞的出发点。

　　在婚飞期间，许多物种的雄性和雌性蚂蚁很相似，都在交配时成群出动。如上图，收获蚁迎风飞行并成群聚集在豆科植物灌丛中。聚集后，雄蚁释放出一股强烈的臭气味，以吸引更多的雌蚁和其他雄蚁到这一公共交配地。下图，大头蚁属的一个物种，在通往来亚利桑那州沙漠的一乡村炎热柏油马路的上方，聚有数个蚁群。

美国收获蚁的狂热交配。数以千计的雄蚁和雌蚁在该地区的特定地域聚集在一起。在前面可看到一雄蚁与一年轻雌蚁交配。（由约翰·道森画图，感谢美国国家地理学会。）

　　美国收获蚁的蚁后和雄蚁也会聚在一些特定地点交配。雄蚁的数量总是超过年轻蚁后；在同一时间，往往有十余只雄蚁试图与雌蚁交配。

　　对蚁后来说，交配后的数小时内最危险。在它们脱翅和寻找合适地点以便挖掘其奠基巢期间，大多数会成为其他物种蚂蚁、蜥蜴或蜘蛛的猎物。图中是一只蟹蛛已经逮住了一只马氏收获蚁（*Pogonomyrmex maricopa*）的蚁后。

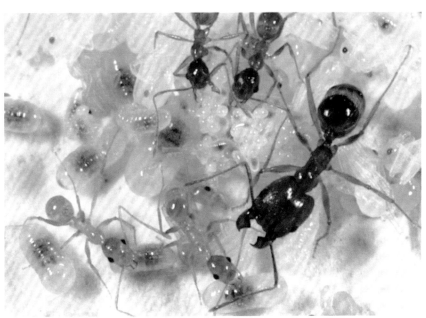

　　一旦奠基蚁后产下第一批工蚁，集群就会快速生长。上图显示第一批工蚁、卵、幼虫和蛹在蚁后的周围；下图显示第一批方头兵蚁和新近产生的仍为浅色的若干工蚁。

　　澳大利亚特种蚁，澳大利亚木工蚁（*Camponotus perthiana*）的一个蚁后，在实验室巢内生活了20余年，在这期间它产下的工蚁数多得难以计数。

这是一种人类所不具备的能力。蜜蜂利用偏振光估测太阳位置，并以此确认方向，甚至在阴天也是这样。

霍尔多布勒于 1965 年在维尔茨堡大学取得博士学位后，就到了法兰克福并开始在林道尔的领导下开展工作。他在那里加入的团队是由德国博士生和年轻的博士后组成的，他们是一群杰出的青年科学家，将来肯定会在社会昆虫和行为生物学研究方面成为领先者。这些人包括爱德华·林森格尔（Eduard Linsenmair）、休伯特·马克尔（Hubert Markl）、乌利齐·马施维茨（Ulrich Maschwitz）、兰道夫·门莱尔（Randolf Menzel）、维尔纳·拉特迈尔（Werner Rathmayer）和吕迪格·魏纳（Rüdiger Wehner）。后来，魏纳到了苏黎世工作，在那里他开拓了对蜜蜂和蚂蚁的视觉生理学和定位分析的研究。

上述学术圈和有关环境构成了霍尔多布勒天然的智力家园。从儿童期开始，家人就给了他研究自己喜欢的课题的自由。后来，受到弗里施的鼓励，他全身心投入有关蚂蚁行为和生态学的新课题研究中。在 1969 年，他取得了教师资格证书，这相当于第二博士学位而且是在德国具有独立执教能力的证书，他以访问学者的身份在哈佛大学开始了他全新的职业生涯，并持续了两年。然后，他返回法兰克福从事短期教学工作，1972 年他又返回哈佛大学，开始了与威尔逊长达 20 年的合作。

在 1945 年，就在儿童时期的霍尔多布勒在其家乡奥克森富特碰到蚂蚁集群后不久，威尔逊就从其家乡莫比尔移居到迪凯特，这是亚拉巴马州北部一座以斯蒂芬·迪凯特（Stephen Decatur）命名的城市。斯蒂芬·迪凯特是 1812 年战争中的英雄，他有一句著名的祝酒词："我们的祖国啊，祝愿她永远正确；不过不管祖国对错与否，我们都要为她干杯！"①这座城市的荣誉绝非浪得虚名，迪凯特市是一座有正确思想和关注公民义务的基层政权城市。威尔逊在16岁时被朋友称为"昆虫"或"蛇"。他认为，应该为自己的未来做些准备了。当他从美国童子军校毕业时，已具有最高级童子军的军衔了，告别了过去只抓蛇、观鸟并与女孩缠绵的时代（不管怎样，曾经是）之后，他首先要仔细规划一下自己未来的昆虫学事业。

威尔逊认为最好的途径是在某类昆虫研究上获得经验，以便为科学发现提供机会。他的第一选择是双翅目，蝇目，尤其是长足虻科，有时称它们为长足蝇，就是当它们在阳光下跳交配仪式舞时，人们所看到的那些不断闪烁着淡蓝色绿光的昆虫。人们有很多机会为科学发现做贡献，仅在美国这些昆虫的类型就数以千计，而亚拉巴马州基本上还未被开发。但是，威尔逊在实现他的第一个抱负时就遭受了挫折。第二次世界大战切断了昆虫针的供应，这是用来固定和储存昆虫样本的标准用具。这些特别的黑色大头针当时是由捷克斯洛伐克（在德国控制下）生产的。

他需要一类用随手可得的器具就可保存的昆虫，所以他找到了蚂蚁。他狩猎的基地就是田纳西河两岸的林地和田野。器具包括5打兰②医药瓶、消毒酒精和镊子，这些工具都可在小镇药店买到。有关教材是威廉·莫顿·惠勒于1910年出版的经典著作《蚂蚁》(*Ants*)，这是他用每天早上投递《迪凯特日报》(*Decatur Daily*)赚来的钱买的。

---

① "我们都要为她干杯"一句原文无，疑遗漏。——译者注
② 打兰最初为希腊古代的一个重量及硬币单位。它是常衡制的一个质量单位，也是药衡制的一个质量单位和体积单位。——译者注

威尔逊要以博物学家为职业的种子，早在工作 6 年前就播下了，但不是在亚拉巴马州的野外。当时他住在华盛顿中心区，周末外出去商场购物非常方便。但对一个试图成为博物学家的人来说，更重要的是，散步就可到国家动物园和石溪公园。在成年人看来，这个地区是紧靠高耗能政府中心的一个逐渐衰败的市区。但对一个 10 岁的孩子来说，这是一个迷人的自然世界的片段和使者。在风和日丽的日子，威尔逊带着捕蝶网和装有氰化液的杀虫瓶漫步到动物园，尽可能地接近大象、鳄鱼、眼镜蛇、老虎和犀牛，然后再原路返回到公园林区捕捉蝴蝶。石溪公园是亚马孙丛林的一个缩影；在这里，他常常与其好友埃里斯·麦克劳德（Ellis Macleod，现为伊利诺伊大学昆虫学教授）做伴，在他的想象中自己就是一个不成熟的探险者。

　　以前，麦克劳德和威尔逊乘坐有轨电车到国家自然历史博物馆参观动物和生境展览时，看到了从世界各地捕到的用针固定的一幅幅蝴蝶和其他昆虫的标本。博物馆里展示的生物多样性真是光彩夺目，令人惊叹不已！连博物馆的馆员看上去都像是受过极高水平教育的爵士。参观时，国家动物园的园长更是英雄般地偶然出现在他们面前，他就是威廉·曼（William M. Mann），很巧的是，他本人就是一位蚁学家，是威廉·莫顿·惠勒在哈佛大学任教时的学生，原来在国家自然历史博物馆研究蚂蚁，后来转到国家动物园当园长。

　　1934 年，曼在《国家地理》杂志上发表了他最初感兴趣的学术论文，由此悄悄走近兼具野蛮和文明的蚂蚁世界。威尔逊如饥似渴地读了这篇论文。在作者以严谨的研究所得出的知识的激励下，威尔逊到石溪公园搜集某些蚂蚁物种。一天，他遇到了与霍

上图：博尔特·霍尔多
布勒（左），一个 14 岁的昆
虫爱好者，1950 年在北部
的巴伐利亚的田野捕蝶。

爱德华·威尔逊（右），
1942 年在亚拉巴马州莫比
尔的家附近，13 岁的他正
在开展昆虫学调查。

下图：霍尔多布勒（左）
和威尔逊（右）于 1993 年
5 月在巴伐利亚观察木工
蚁的蚁巢。

（下图照片由弗里德里
克·霍尔多布勒提供；上右
图照片由埃里斯·麦克劳德
提供。）

尔多布勒在奥克森富特遇到的木工蚁集群时的类似情况——在与麦克劳德爬上一座树林小山坡时,他剥开一棵腐朽树干的树皮想看看下面到底有什么生物。这时,立即冒出一群急匆匆的亮黄色的蚂蚁,同时还散发出一阵强烈的柠檬味。这种散发着柠檬味的化学物质就是香茅醛,是威尔逊于1969年确定的,它是工蚁从头部腺体分泌的,用来向巢内成员发出警报和驱逐来犯之敌。这种蚂蚁叫"香茅蚁"(citronella ant),属于"香茅蚁属"成员,其工蚁几乎是盲的,并且完全在暗处生活。树皮下的蚂蚁很快就变少了,最后都进入了朽木内部。但是,这给年少的威尔逊留下了生动而深刻的印象。他不禁想一眼就能瞥见的地下世界是什么样呢?

1946年秋,威尔逊进入了塔斯卡卢萨市的亚拉巴马大学。入学几天后,他拿着收集到的蚂蚁去求见生物系主任,他心想,对一个新生来说,以这样的方式申述自己的专业计划,并以野外调查作为本科学习部分的开始,应该是正常的,或者至少不是莽撞的。系主任和生物系其他教授确实没有取笑他,也没有让他离开,他们亲切地接待了这位17岁的学生。他们为他提供了实验室,配备了显微镜,并经常给予温暖的鼓励,还带他到塔斯卡卢萨周围的自然生境进行野外调查,并耐心地听取他对蚂蚁行为的解释。这一轻松的支持氛围就这样明确地形成了。如果当初威尔逊去了哈佛大学,也就是他现在执教的大学,与毕业于优秀中学的佼佼者集聚,那么结果可能就与此不同了。但也许不会,因为哈佛大学有许多怪生境,可使怪才顺风顺水。

1950年,威尔逊到田纳西大学开始攻读哲学博士学位。他毕业后可能会留在那里,因为美国南方各州内丰富的蚂蚁(动物)群在世界上也是驰名的。但是,他已接到了一个来自远方的良师益友威廉·布朗（William L. Brown）的邀请。布朗比威尔逊大7岁，当时在哈佛大学攻读博士学位。就像在以后的岁月里他被其同事称为"比尔大叔"[①]那样，威尔逊对待蚂蚁研究就像对待梦中情人那样专注。布朗以整体方法研究这些昆虫，他认为对所有国家的动物群都要给予同等关注。布朗做事非常专业化并且很负责任，他一直在寻找容易被大家忽视的小生物。他对威尔逊解释说，我们这一代必须更新生物学知识并对这些奇异的昆虫重新分类，并以它们自身的特质赋予其主要的科学地位。他还补充说，不要被惠勒和其他昆虫学家过去的成就吓倒，这些人的成果被高估到荒谬可笑的程度。我们必须相信我们能够做好并能做得更好，要自信，要仔细制作样本，要获得参考文献的复印件，要把研究扩展到众多类型的蚂蚁，要把研究兴趣扩展到美国南部之外。例如在研究毒螫蚁时，要研究它吃什么。后来威尔逊发现，这种蚂蚁捕食跳蚤和其他软体节肢动物。

布朗来到哈佛大学读哲学博士学位，因为那里是世界上最大的蚂蚁收藏地。第二年，也就是在布朗到澳大利亚这个几乎还没人考察的地方进行野外工作后，威尔逊才转到哈佛大学。在那里，威尔逊度过了退休前的职业生涯，先后获得了昆虫学正教授的职称和管理者的职位，以前这些都是威廉·莫顿·惠勒的成就，而且威尔逊还得到了惠勒用过的一张办公桌，右下方的抽屉里装满了烟袋和烟斗。1957年，他访问了美国国家动物园的威廉·曼。这位长者绅士，在他当园长的最后一年，把他收藏的蚂蚁标本全给了威尔逊。后来，他还带着威尔逊及其妻蕾妮在动物园漫步。

---

① 比尔是威廉·布朗的昵称。——译者注

他们沿着石溪公园的外缘漫步，看到了大象、豹子、鳄鱼、眼镜蛇和其他的奇异动物。这样令人陶醉的景色，使威尔逊又找回了童年时代的梦幻感觉。曼可能并不知道，在他人生行将走向终点之时，会给这位有抱负的年轻教授带来多大的震撼！

在哈佛大学的岁月里，威尔逊排满了野外以及实验室内的工作。最后威尔逊发表了 200 余篇科学著作。他偶尔也会扩展到其他科学领域，甚至扩展到人类行为学和哲学，但是蚂蚁一直是其学术自信的护身符和持久坚持的源泉。他在蚂蚁研究工作中收获最多的 20 多年，是在与霍尔多布勒紧密接触中度过的。有时，这两位昆虫学家在各自的课题下工作，有时两人又开展合作研究。但他们总是不时地以相互磋商为乐。1985 年，霍尔多布勒开始接受来自德国和瑞士有关大学极富吸引力的资助。这时他认为行动的时机到了，于是他和威尔逊决定写一部尽可能严谨的关于蚂蚁的专著，为其他人提供一部大型手册和权威性著作。这就是于 1990 年出版的献给"下一代蚁学家"的《蚂蚁》，这本著作替代了惠勒驰名 80 年的同名巨著。令人感到惊喜的是，它获得了1991 年的普利策非虚构文学奖，这是获此荣誉当之无愧的第一部科学著作。

这时，我们的职业生涯来到了十字路口。如多数生物学科一样，社会昆虫检测已到了高度精细化的水平，需要更精细和昂贵的器具进行测量。以前，研究者只用镊子、显微镜和沉稳的手，就可在行为试验方面取得快速进展。而现在和日后，却需要科学家在细胞和分子水平下进行研究。这种集中合作的努力，在分析蚂蚁的大脑时，尤为重要。蚂蚁的所有行为，都是由约 50 万个神经细胞进行调控的，而这些细胞就包裹在不超过一个字号为 5 号的英文字母大小的范围内，只有用显微术和电子记录的先进方法才能透析到这一"微宇宙"。分析蚂蚁在社会通信方面所利用的、几乎看不见的振动和接触信号时，也需要不同专业并具备高技术的科学家通力合作。检测和识别蚂蚁作为信号的腺体分泌物时，上述条件是必需的，在每只工蚁内，某些分泌物的关键含量，以克为单位，且含量少于十亿分之一克。

维尔茨堡大学提供了达到这一专业水平的设备。1973 年，霍尔多布勒的导师马丁·林道尔就在该校任教，现已退休。该校决定扩大社会昆虫行为的研究，邀请霍尔多布勒接受教授职位来领导一个新的研究组——行为生理学和社会生物学研究组。他接受了邀请，因此，从惠勒在此做访问学者以后的一个世纪，哈佛大学和维尔茨堡大学之间的联系得到了重建。莱布尼兹奖（来自德国的 100 万美元研究奖）被授予刚到维尔茨堡大学不久的霍尔多布勒。该校的新研究组，现正在奋力进行着社会昆虫的遗传学、生理学和生态学的试验研究。

另一个紧迫研究把威尔逊推向了不同的研究途径。他热衷于深思有关生物多样性的问题，包括生物的起源、数量和对环境的影响。自 20 世纪 80 年代起，生物学研究者已经充分认识到，人类的活动正在加速破坏生物的多样性。主要针对人类对自然生境的破坏，他做了一个粗略的估算：在今后 30 年或 40 年内，地球上有 $\frac{1}{4}$ 的物种会消失。为了应付这一危急情况，生物学者必须比以前更精确地勘测周围环境的生物多样性，同时确定具有最大数量的特色物种和濒临灭亡的物种数量。这些信息，对抢救濒危生物和对它们进行的科学研究来说，都是必需的。这一任务很紧急并且才刚刚开始。经过科学命名的植物、动物和微生物的物种不过总量的 10%，关于这些物种的分布和生物学知识我们也知之甚少。多数的生物多样性研究，依赖于了解最多的生物类群或"焦点"类群，尤其是哺乳动物、鸟类和其他脊椎动物、蝶类和有花植物。蚂蚁由于其特殊地位（来源丰富、整个温暖季节都频繁活动）成了研究生物多样性的另一候选生物。

在哥斯达黎加或佛罗里达，霍尔多布勒和威尔逊仍然设法一年见一次面并进行野外合作研究。在那里他们捕获了新的和了解不多的蚂蚁类型，威尔逊补充了生物的多样性，而霍尔多布勒则选择了最有兴趣的蚂蚁物种并将之带到维尔茨堡大学进行仔细研究。在此期间，蚁学在科学家中的名望上升。虽然地下世界并没有丧失它的神秘性，但视蚁学研究为怪异现象的人却没有了。

　　蚁后，隐藏在构筑精细的蚁巢深宫中，受到其热情女儿们（工蚁）的保护，享受着格外长寿的生活。除非发生偶然事故，多数蚁后寿命可长达 5 年或更长。少数蚂蚁的自然寿命能超过多数已知的其他昆虫，甚至包括极其著名的寿命长达 17 年的蝉。一只生活在实验室蚁巢中的澳大利亚木工蚁的母蚁后活了 23 年，甚至在其生殖能力衰退和老死前还产下了数以千计的后代。黄毛蚁（*Lasius flavus*）是一种在欧洲牧地草场筑黄色土丘的蚂蚁，这个种类的几只蚁后，在人工饲养条件下活了 18~22 年。由此，蚂蚁寿命最长的世界纪录一般也是昆虫寿命最长的世界纪录，是由生活在欧洲人行道两旁，也生活在森林中的黑毛蚁（*Lasius niger*）当中的一只蚁后保持的——在实验室的蚁巢中，这只蚁后在一位瑞士昆虫学家的精心照料下活了 29 年。

　　这些长寿蚁后的产卵能力因物种的不同而存在很大差异，依人类标准来看总是可观的。某些生长期缓慢而特化成食肉蚁的蚁后，可产下数百只工蚁，也许还有 10 余只蚁后和雄蚁。南美洲和中美洲切叶蚁的蚁后，能产出多至 1.5 亿只工蚁，在给定时间内的成活数为 200 万~300 万只。非洲驱逐蚁的蚁后，其繁殖力可能是世界冠军，可产生两倍于切叶蚁的蚁后产生的工蚁数，超过美国

总人口。[1]

但是要戴上这项多产皇冠并非易事。对开始建立集群的每一只成功的蚁后来说，建立集群是以牺牲数以百计或千计的蚁后为代价的。在繁殖季节，幸运集群的处女蚁后和雄蚁飞出或爬出蚁巢外，以寻找其他集群配偶。在这个过程中，它们多数很快会被捕食者捕获、落入水中或迷路，随后死亡。如果一只年轻的蚁后活得足够长且受精，那么它就会脱掉其膜状翅，并选择一个地方筑巢，但是危及其生存的可能性仍然存在——在被捕食者发现之前，它未必能找到合适的巢址来完成筑巢工作。

当具体到一个代表性例子时，建立集群的艰难就显而易见了。假定集群可持续 5 年，且平均来说，5 个集群中每年只有 1 只处女蚁后能成功建立起 1 个新集群。如果 1 个典型的集群每年可产出 100 只处女蚁后，那么这 5 个集群能建立新集群的机会就只有 $\frac{1}{500}$。

在建立新集群时，雄蚁几乎没有机会存活，它们在离开母巢数小时或数天内几乎全都死亡。只有其中极少数雄蚁有希望赢得达尔文意义上的"获奖彩票"[2]，尽管它们在与未来的蚁后交配的过程中还是会以死亡告终。但是几乎全部的雄蚁，都既葬送了身躯也葬送了基因。每只在交配中取胜的雄蚁将留下数以百计或千计的后代，且多数在其死亡数月或数年后才出生。蚁后的这一本领，是通过一种"精子银行"来完成的。这一技术是蚁类通过几百万年的进化实现的。在接受雄蚁精液后，蚁后就把精液储存在位于其腹部近后端的卵袋内。在这个被称为"储精囊"的器官里，精子在生理上是失活的，且这一状态可维持多年。当蚁后让精子

----

① 作者写作年份为 1994 年，当时美国人口为 2.63 亿。——译者注
② 这里指雄蚁获得与蚁后交配的机会而可能使基因传给子代。——译者注

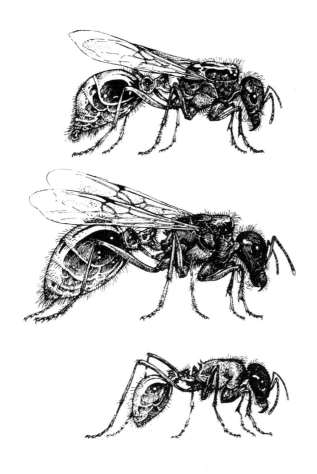

返回进入其生殖道（一次一个或一小群）时，精子重新恢复活性，并准备与从卵巢下行到生殖道的卵子结合受精。

　　每年夏末，在美国整个东部地区，当劳动节[①]蚂蚁（即新黑毛蚁，*Lasius neoniger*）试图进行集群繁殖时，就会发生生殖惨剧。该物种是城市人行道两旁、开阔的田野、高尔夫球场、乡村路旁的昆虫优势种之一。这种粗短的、小暗黑色工蚁筑起不够显眼的弹坑式蚁丘，挖出一堆堆泥土堆在巢口周围，使得蚁巢有点像微

---

① 这里指美国劳动节，即每年9月第一个星期一。——译者注

型火山口。到巢外觅食时，工蚁就在草地上、草丛中，还会爬上矮草和灌木上寻找死昆虫和花蜜。但是，每年会有几个小时，上述常规活动不会出现，那时蚁丘周围的活动会发生神奇的变化。在每年8月末或9月前两周（约在美国劳动节前后）的一个晴天的下午5点左右，如果最近刚下过雨，且空气仍然温暖而潮湿，那么一大群的处女蚁后和雄蚁就会从新黑毛蚁巢中出来并飞向天空。在一两个小时内，天空中就布满了有翅蚂蚁，它们在空中约会和交配。其中有许多在挡风屏障上就结束了生命；鸟、蜻蜓、食虫虻和空中其他的捕食者也捕食它们；还有些飞失在湖面上空而落水死亡。近黄昏时刻，婚飞交配结束，幸存者回到地面。蚁后脱掉其翅，寻找并挖掘能成为其地下巢的地方，但只有极少数能走到这一步。它们还必须躲过很多捕食者，诸如鸟、蟾蜍、猎蝽、地鳖、蜈蚣、跳蜘蛛和其他类似的捕食者。在这期间，死亡的多数是工蚁，其中包括无所不在的新黑毛蚁的工蚁，它们总是警惕地防范入侵之敌。

对蚂蚁来说，婚飞是其生活周期中极为重要的一环。集群可能挨饿，仇敌可能掠走部分工蚁，其他无数的灾难也可能耗损集群的部分生活能力。在这些情况下，恢复集群的元气仍是可能的。但是，如果错过了婚飞或选错了婚飞时间，那么集群的所有努力就都是徒劳的。在婚飞期间，集群会变得很狂热，在一大群疯狂的工蚁的协助下，处女蚁后和雄蚁倾巢而出飞向天空。两性完成交配的方式随物种而异，但都是在急促和不确定的情况下完成的。在1975年7月末的一个下午，霍尔多布勒走到亚利桑那州北部的荒漠地带时，发现了一个最独特的情景，这一情景与大红色的收获蚁物种中的一种叫作皱须红收获蚁（*Pogonomyrmex rugosus*）的物种有关。在一块网球场大小的地面上，其开阔的中心地区没有任何明显的物理标志，在这中心区有一大群蚁后和雄蚁在骚动着。从下午5点到随后的两小时内，具翅蚁后飞进中心区进行交配后再飞出去。每当有一只蚁后落到中心区时，就有3~10只雄蚁涌向它，目的是争取爬到它上面给它授精。当完成若干次的授精后，蚁后就用身体后部摩擦细腰而发出噪声信号，以示终止交配。当雄蚁听到这一"女性解放信号"后，就离开这一蚁后而另寻其他可进行交配的蚁后。显然，交配后不久，多数蚁后就飞离了这一中心区。但雄蚁依然在这儿继续其性活动，几天后它们就葬身于此。

此后每年7月，霍尔多布勒都要来这里，总会看到成群的收获蚁在这里重复上述活动。虽然各蚁后和雄蚁们全都是新的（都是前一年出生的），但不知为何，每年它们都能回到同一地区。这一地区类似于鸟类和羚羊的求偶场，雄性每年都会到这里彼此歌唱和炫耀，并引诱同类雌性与它们在一起。某些求偶雄性脊椎动物的寿命足够长，凭其经验可以回忆起曾经去过的地方，但是，蚂蚁却不能。它们必须依赖本能和从求偶场发出的线索，即触发其祖先遗传信息库的信号。至今我们还不知道这种求偶的约会是如何实现的，因为求偶场的景观、气味或声音与周围地区并无二致。

多数蚂蚁物种的社会，其中包括美国收获蚁，其繁殖方式如同植物。它们抛出大量的集群蚁后，就像植物播出许多种子那样，指望至少有一两个蚁后能生育后代。但是，少数蚂蚁物种的社会遵循着更为谨慎的投资策略。某些欧洲红褐林蚁的蚁后，只在巢外附近徘徊等待受精，受精后就匆匆返回地下巢穴。当一个或多个受精蚁后，带领一部分工蚁出巢到一新址建立新巢时，一个新集群就繁殖起来了。行军蚁的处女蚁后甚至受到了更严密的保护，由于翅膀已全丧失，它们就成了单一的产卵机器。它们离不开工

婚飞后刚受精的收获蚁的蚁后用其中足和后足推翅而使翅脱落。（约翰·道森绘图，感谢美国国家地理学会）

蚁的陪伴，在等待其他集群有翅雄蚁的到来。偶尔，行军蚁和工蚁可接受外来集群的雄性求偶者，允许求偶者进入集群并给予它们充足的时间与处女蚁后完成交配。

蚂蚁社会的质量不仅深深受到集群生活周期的影响，而且还深深受到每一集群数量的影响。每只蚂蚁，像膜翅目其他成员和大多数昆虫一样，在其生长和发育期间，都有完全变态，即依次经历4个完全不同的时期：蚁后产卵、卵孵化成幼虫、幼虫生长并转化成蛹、蛹最终发育成成虫。个体在生长和发育期间的多次变态相当于个体的多次再生，其意义在于，使幼虫和成虫之间存在极大的差异性。幼虫（毛虫、蛴螬或蛆）相当于一个填食机，无翅而且脑很小，它的解剖学和生物反应的信息库在进化期间就已

作为集群建立的第一步，年轻的蚁后在土上挖一个巢。（约翰·道森绘图，感谢美国国家地理学会）

被设定，当个体抵抗来犯之敌时会迅速增大。而成虫则成了全然不同的生物，典型的是具翅或具强有力快跑的足或兼而有之。这些结构有利于蚂蚁繁殖和扩散到新的捕食地。成虫和幼虫吃的食物往往不同，前者集中在为活动所需的含高能的糖类，后者集中在为生长所需的蛋白类。在极端情况下，成虫什么都不吃，只靠在幼虫期间累积的能量储备而生存。蛹是从幼虫形式到成虫形式的休眠期，是各种组织从幼虫形式向成虫形式转化的时期。

像蛴螬那样的蚂蚁幼虫很少干活或不干活，必须依靠成虫抚育，这很像人类的婴孩需要别人照顾一样。它们对成虫的依赖性，由于其活动能力的限制而增加；纵使它们自己能获得食物（某些原始蚂蚁物种的幼虫具备这一能力），但肥大和无足的身体使它们不能到达远离自身的食源区。基于这一原因，成年工蚁的大部分劳动必须放在照料幼虫上，它们离巢寻找食物并提供给不能自立的弟弟妹妹，并无私地保护和清洁蚁巢。像人类社会一样，由于儿童无力照料自己而使家庭结合在一起，这还衍生了许多其他社会习俗；在蚂蚁中，也由于年幼的弟弟妹妹们不能自理，必须依赖成年的姐姐，从而形成了蚂蚁社会生活的核心。

到了成年期之后，年轻的处女蚁后有了另一根本性的转化，它从具有高超技艺和能自立的成体转化成了集群中的一只乞丐。当一只年轻的处女蚁后仍居住在其出生的巢内时，就做好了如下准备：自己飞出去在空中与具翅雄蚁交配，飞回地面脱翅后独自建一个巢，养育第一批工蚁，过数周或数月自食其力的生活，这时的蚁后可以说是无所不能。然后仅在几天内其角色就发生了变化。工蚁开始侍候它，使它几乎成了一台产卵机器，一个完全依赖工蚁才能生活的乞丐。工蚁走到巢室间、过道间或蚁巢间，它都要跟随着。因此，它的权力从心理上就减少了，在任何意义上，它都不可能成为统治者，它不能施发指令。但是它确实是工蚁主要关心照料的对象，这让它的生活安宁并让它富有生殖能力。推动蚁后和工蚁之间关系的就是达尔文推动力：工蚁只有促使蚁后产生大量的新处女蚁后、工蚁的妹妹和大量复制与工蚁自己相同的基因，工蚁才算真正成功。

一个典型蚂蚁集群的工蚁全是该集群蚁后的女儿。而蚁后的儿子——雄蚁，是在工蚁群体很好地建立起来后，在蚁后交配前产生的[①]。雄蚁只能成活数周或数月。雄蚁的确不劳动（在一些特定环境下例外，但这种例外是罕见的），因此雄蚁在古英语中为"drons"，即"寄生虫"之意，是不能自食其力的生物。从现代技

---

① 雄蚁是由蚁后的未受精卵产生的。——译者注

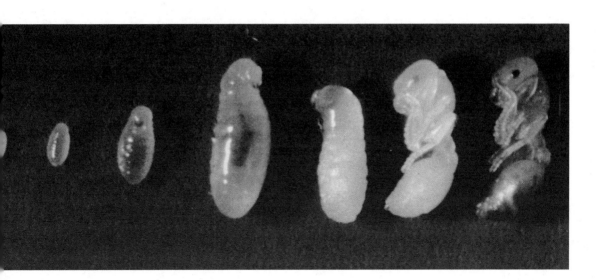

欧洲蚂蚁——堆积细胸蚁（*Leptothomx acervorum*）工蚁的完全发育。从左至右：卵，新孵化（一龄）幼虫，半生长期幼虫，完全生长期幼虫，预蛹（形成成体组织），未经染色的蛹和经过染色的蛹。蛹已为成为具有6足的活动成体做好了准备。（由诺伯特·利普斯基拍摄）

术的含义上说，雄蚁也是一种寄生虫，因为它只是为了飞向空中完成瞬间交配和射精所构筑的一枚携精导弹。但是，在蚁巢内，雄蚁完全依靠其受奴役的妹妹为生。唯一被默认的能力是，它们可以传递集群基因。

蚂蚁的性别，与其他膜翅目昆虫（如蜜蜂和黄蜂）一样，是由一种想象不到的最简单的方式决定的：卵受精后产生雌性蚁，卵不受精时产生雄性蚁。这种方式可允许蚁后控制其子代的性别，蚁后可以自己关闭输精管入口端的输精管阀，使精子不能与卵结合，由非受精卵产生雄蚁；打开输精管的入口阀，精子与卵结合成受精卵而产生雌蚁。但在多数时间里，蚁后都会开放输精管，由此产生的就全是雌蚁。在集群发展的早期阶段，所有的女儿（雌蚁）在生长上都是迟缓的。它们的个体小，无翅，卵巢（如果有的话）相对不育，所以成熟后成为工蚁，沦为集群的雇工。随后，当集群壮大时，某些雌性幼虫就充分发育成处女蚁后，具翅并拥有充分发育的卵巢，为建立新集群做准备。

处女和贞童（处女蚁后和雄蚁）注定要离巢参加婚飞，以开始下一个集群的生活周期。这时母集群丧失了投入的能量和组织，但从进化观点看，这代表了关键性的投资。依据经济学观点，母集群本身进行资本调整是为了复制和传播基因。

那么，是什么在指导集群的投资呢？是什么引起一只雌蚁发育成一只可育的蚁后，而不是发育成一只不育的工蚁呢？决定因素是环境而不是遗传。就职别而论，一个集群的所有雌蚁都具有相同的基因，受孕后的任何一只雌蚁都能成为蚁后或工蚁。基因只是发育成雌蚁或雄蚁的潜力。环境控制因子有若干种类型，依物种而异。一是给幼虫提供食物的质和量；二是幼虫生长时的巢内温度；三是蚁后的健康状况。如果蚁后健康，就会在一年的多数时间内通过产生的分泌物抑制幼虫发育成蚁后。第三种情况下的母蚁称为蚁后，是名副其实的集群统治者，因为它不仅决定了其子代的性别是雄性还是雌性，而且还对其女儿编制了职别，即是工蚁还是处女蚁后。然而在这里，由工蚁行使最终的"议会控制权"，它们可独立决定它们弟弟妹妹们的生死，因此它们决定了集群的最终规模和组成。

蚂蚁生活周期和职别系统的特点来自"集群是一个家系"。在多数物种中，蚂蚁组织得非常紧密，足可用"超个体"表述。如果你从1米或2米外观察一个集群，那么各单个蚂蚁的身体就似乎融合成一个特大的四散有机体。从遗传和生理学角度来说，蚁后就是这一超个体的心脏。蚁后负责集群的繁殖，补充原集群的部分成员和创建新的超个体。因此一般的集群世系是这样延续的：由蚁后到子蚁后再到孙子蚁后等，可能直至无穷。工蚁，即每代处女蚁后的不育姐妹，其功能只能起到集群的附属物作用，它们是这一超个体的口、肠、眼和蚁后卵巢包裹聚集物的组成部分。工蚁做出了大量的临时决定，但它们的目的只有一个，就是让它们的母亲生产新蚁后，这样通过它们的蚁后妹妹就可以把自己的基因传代了。

蚁后可看作由许多狂热的助手宿主支持的昆虫，这是在与缺乏社会优势的雌黄蜂和其他独居昆虫的殊死竞争中形成的。在其他条件都相同的情况下，蚂蚁蚁后和其相伴的工蚁一起，有希望战胜独居对手。其基因可幸存下来并散布到世界各地，而独居竞争者的基因就会下降到相应程度的水平。

如果集群随着母蚁后的健在而存在，那么母蚁后死了又会发生什么情况？合乎逻辑的结果似乎是，工蚁培育另一蚁后以取而代之。从理论上说，工蚁有能力完成这一取代，因为如果喂饲合适的食物，可使成活的某些雌性卵和年轻的幼虫发育成蚁后。从工蚁的角度来看，此举确是一个稳妥行动，因为最好有一个妹妹可以继承蚁后来产生外甥和外甥女，这总比什么都没有要好。但工蚁失去母亲后，通常不会这么做。它们不会遵守生物学家的简单逻辑。在多数情况下，集群不会产生蚁后继承者，它们会衰败下去直至最后一只工蚁也绝望地死去。许多蚂蚁物种的工蚁都具有卵巢，当集群处于死亡边缘时，少数工蚁会产下发育成雄蚁的卵。一个集群处在其最后日子时，存在大量的成年雄蚁以及没有具翅的蚁后和年轻的工蚁。但是，有时会发生以下偶发事件，实际也可能不会发生：某些物种（如火蚁）的工蚁没有卵巢，所以其集群的繁殖活动也将随着母蚁后的死亡而即刻终止。

像所有的生命那样，蚂蚁也存在有启发性的例外。在蚁类中，法老蚁是一种散布在世界各地人类住宅墙壁上的热带小家蚁，根据记载，这个物种的蚁后寿命最短，仅可存活约 3 个月。一个大而松散的集群产生一个新蚁后，新蚁后与巢内其兄和表兄交配，然后在原集群加入繁殖行列。依靠这一策略，集群具有潜在的永存性。集群通过简单的分群也能使它们得以繁殖：一个集群分离后各飞一方，再从别的集群接纳一只或多只可繁殖的蚁后。通过这一方式，法老蚁可隐藏在货物中，通过"无票偷乘"的方式到达很远的地方，比如伦敦医院和芝加哥郊外的住宅区，并且在婚飞中无须投放自身集群的蚁后和雄蚁。

为什么不是所有类型的蚂蚁都像法老蚁那样买同样的票而使集群永生呢？因为付出的代价可能是近亲交配（近交），这极大地增加了后代的死亡和不育的风险。近交方式也难以适应环境的变化。只有少数物种可生活在如同法老蚁那样的小生境中，即所获得的生态利益大于付出的遗传代价。如果上述解释正确，我们可继而得出结论：对多数蚂蚁类型而言，老集群的消亡是为了新集群更安全地诞生。

具有多个可育蚁后的集群，不仅具有潜在的永生性，而且还可增加集群内的个体数。法老蚁的集群，散布在医院和办公楼的墙壁上，其工蚁数以百万计。这些集群构成了超级集群，理论上这一超级集群可以是一个无限大的实体。在北温带，蚁属的大红蚂蚁和大黑蚂蚁形成了超级集群，它们生活在散布于该地区的各蚁丘（蚁巢）中。处女蚁后交配后通常会立即返回其中的一个蚁巢中。少数可育蚁后会带领少数工蚁迁出旧蚁巢，建立新蚁巢。结果形成了一个由社会单位组成的巨型联系网，各社会单位可自身繁殖和生长，但通过自由交换，工蚁仍可保持单位间的联系，而工蚁是根据气味行走于巢间的。暗蚁（*Formica lugubris*）有一个这样的超级集群（1980 年由 D. 舍里在瑞士侏罗山勘查到的，我们写书时仍然存在），覆盖着 25 万平方米的土地面积，其工蚁和蚁后的数量以百万计。1979 年，由东村清子和山内胜助报导的石狩红蚁（*Formica yessensis*）这一物种也有个超级集群，是有记录以来的一个最大的动物社会。该超级集群遍布北海道石狩湾海岸 270 万平方米的地域，估计约有 3.06 亿只工蚁和 100 万只蚁后，生活在相互联系的 45 000 个蚁巢中。不过这些可能很吓人的例子，在自然界实属罕见。关于上述这个蚂蚁帝国的进化历程告诉了我们什么呢？

第四章 蚂蚁如何通信

这里，我们从一个非洲织叶蚁的研究开始，这是我们所做过的最冒险的研究之一。一天，非洲织叶蚁的一个集群被带进了威尔逊的办公室。这个集群是由我们的两个同事，卡特勒恩·霍顿（Kathleen Horton）和罗比特·西尔伯格利德（Robert Silberglied），从肯尼亚带给我们的。捕获带有母蚁后的整个集群很不容易，稍后我会解释其中的原因。霍顿和西尔伯格利德，偶遇一个年轻的蚂蚁集群，它们生活在一棵小的、独生葡萄柚的枝条上，他们把整个巢剪下，并在巢没有受到严重受损时包装起来，再用胶带把集群封装在一个匣子内，用他们的皮箱将其带回了美国。

威尔逊打开了匣子让蚂蚁透气，并放在办公室远处的一张桌子上。然后，他坐在办公桌前写信和打电话。两小时后，他看了一下那个匣子，发现一群分散的织叶蚁正在从桌子远处过来。约几毫米大小、大眼睛、鲜黄色的织叶蚁，在观察他每一举动的同时，还谨慎地向他爬来。

当威尔逊前倾为能更仔细地观察时，它们没有后退，而是发起挑战，要他后退，一边抬起其触角以扇动空气，一边高高抬起其腹部并张开其下颚，这些是该物种广泛应用的、特定的恐吓姿势。后来在野外由霍尔多布勒拍摄的同一恐吓姿势的相片，用来做了我们1990年那部百科全书《蚂蚁》的封面图。

昆虫学家惊奇地看到，该物种如此自信，并不是惊讶于其傲慢，而是因为其大小只有人的百万分之一。临危不惧是非洲织叶蚁——更准确的科学名称应为长结织叶蚁（*Oecophylla longinoda*）——魅力的一部分。它们在态度上是无畏的，在行动上是果断的，这些品质再加上个体大（相对于蚂蚁）和它们多数社会行为是在阳光下进行的，这样就便于研究者观察和拍照，这些对我们科学研究者来说都具有不可抗拒的诱惑力。我们抓住这个机会对该物种进行仔细研究，断断续续地延伸到 20 世纪 70 年代末 80 年代初。我们的"奥德赛"[①] 开始于威尔逊的实验室，结束于霍尔多布勒在肯尼亚的野外调研。后来，霍尔多布勒将这一研究扩展到亚洲和澳洲的织叶蚁——红树蚁（*Oecophylla smaragdina*）。

　　通过对织叶蚁的研究，我们发现了可称为动物界某些最复杂的社会行为。它们建立的，基于来回传递可让同类尝到或闻到化学分泌物的信息通信系统，经证明是迄今为止在动物界已发现的通信系统中最复杂的。我们一次次地和它们一起待上数小时，并得到了丰富的回报。

　　在非洲撒哈拉沙漠的林区，织叶蚁是树冠层的统治者。其成熟集群十分巨大，有一个母蚁后和至少 50 万只子代工蚁。肯尼亚的辛巴山，是霍尔多布勒进行野外研究的地方之一，在那里各单个集群共占领 17 棵大树的树冠层和树干表面的领域。如果人类也像织叶蚁那样组织起来，且将尺度调节到人体的大小，那么织叶蚁就相当于人类的一个母亲和其孩子将"至少"占有 100 平方千米的领域。这里我们说"至少"，是因为蚂蚁的真正领域不是它们占领森林的平面面积，即不是我们平常以二维方向测得的面积，

———————————

① 来自古希腊史诗，意为长途冒险。——译者注

蚂蚁实际上占有全部植被的巨大面积，其中包括每平方毫米的叶、枝以及上至树干和下至地面的面积。

织叶蚁把它们的领域当作要塞那样来保护。它们会恶狠狠地攻击领地内的哺乳动物和其他干扰者，它们会搜寻进入其领域的邻近织叶蚁的集群成员并将其猎杀。它们也会毁灭多数其他蚁种以及附近能找到的任何昆虫，然后，把几乎所有的小猎物都运回巢内作为食物。邻近织叶蚁集群之间的战斗非常激烈，以致在两个领域间还设立了一条狭窄的、非占领的边境走廊——"无蚁走廊"。

这种非洲织叶蚁，与关系密切的红树蚁相邻生活时，在边境设有兵营巢，由老工蚁站岗。这些老工蚁由于不再有能力哺育年幼工蚁、修补蚁巢和从事其他家务劳动，就在前线迎击前来侵犯集群边境之敌。工蚁在它们生命的尽头，为了集群利益，承担起了最危险的任务。可以断言：人类社会是派青年男子上战场，而编织蚁社会则是派老年女士上战场。

为了能在可控环境下更紧密地研究非洲织叶蚁的行为，我们把来自肯尼亚的一些小集群转移到我们实验室的盆栽柠檬树上。前不久，我们注意到了蚂蚁的一个特殊习性，这是先前的研究者没有发现的。多数蚂蚁排便，或在巢内远端的一角，或在巢外的一特定垃圾区，排出的是一堆风化物，昆虫学家称之为"厨房垃圾堆"。织叶蚁可不会如此谨小慎微，它们是走到何处就排到何处，毫无定所。事实上，它们似乎决心要把排泄物的气味弥散到其领域的广大地区。非洲织叶蚁试验集群进入从未访问过的一棵盆栽树或用纸板围成的一块领域时，它们排粪的频率就猛增。每次排泄时，工蚁均以腹部尖端（其身体的最末端）触及地面，并随即通过肛门排出一大滴黄色液体；每相邻两次排泄间隔时间之短，超过了其生理需要。这些液体或迅速地被地表吸收，或变硬形成光亮的像纽扣一样的电胶。当观察这些类似杰克逊·波洛克的"涓滴画"①时，我们想到如下情况是否可能：织叶蚁采用狗和猫的方式，即利用它们的排泄物（尿或粪）标识其领域的所有权。

我们是通过浮桥试验战争②来检验上述想法的。我们把织叶蚁的两个集群相互靠近，两个蚁巢可与在中间的一个竞技场（用壁封闭的一个开放空间）连接，任一集群都可进入这一场地竞技。集群的蚂蚁进入竞技场要通过集群巢与竞技场间的两个浮桥，如同城堡的吊桥一样，浮桥可依情况安上或移除。试验开始，我们允许一个集群的工蚁进入竞技场，并允许其用排泄物完全标记该竞技场。数天后，我们把浮桥搬走，并从竞技场把蚂蚁逐个移出放回原来的巢。然后我们让另一个集群的工蚁进入竞技场。当这一集群的工蚁碰上前一集群留下的排泄物时，它们停下来并显示出织叶蚁典型的敌对姿态——张开上颚和抬高腹部。一些工蚁返回蚁巢后带领巢内一些工蚁又回到竞技场。它们发出嗅觉和触觉信号，似乎在喊："跟我来，快！我们已经发现了敌对者的领域！"相反，当原来自己集群的工蚁被允许进入这一竞技场时，返回蚁巢招来工蚁进入竞技场的情况就很少。显然，对每个集群来说，其排泄物的气味都是特定的。

每个人都知道球赛有主场优势。当球赛在主场时，主场队对客场队有心理优势，在势均力敌的比赛中，有时主队甚至可以凭

----

① 杰克逊·波洛克是 20 世纪美国的抽象画的奠基者之一。他常用棍棒蘸上油漆，任其在画布上滴流而成画，俗称"涓滴画"。这里作者把织叶蚁的排泄物形象地比喻成涓滴画。——译者注
② 详见本书附录。——译者注

借这一心理优势赢得胜利。当我们让两个织叶蚁集群同时进入试验竞技场时，两巢的工蚁都利用自己的行迹和其他的信息素各自招来大量的工蚁，并开始了惨烈的战斗。颚对颚战斗是规则，战斗时或是一对一，或是两个或更多个结成一帮对单个的激战。第一批蚂蚁与敌方一只蚂蚁接触时，其中一只用其附肢逮住敌方的蚂蚁，并迫使其肢散开而不能动弹，其他蚂蚁则前来断肢分尸。在我们设置的 10 次类似战争中（我们的作用相当于奥林匹克运动的运作者），通过把对手从浮桥逐回原蚁巢而获得最终胜利的集群，总是在战争前就已进入竞技场用其排泄物做了标记的集群。

我们对织叶蚁的战争和日常生活越熟悉，就会发现它们的通信系统越复杂。我们发现，织叶蚁的工蚁不仅能相互彼此指定它们在巢外的位置，而且还用 5 类不同的"信息"指定有关目标的性质。每个信息是有关信号的组合。产下的化学物质可看作一种痕迹，当痕迹产下者遇到巢内同伴时，产下痕迹后还会有特定的身体运动（跳舞或触动触角）。我们第一次在研究中发现蚂蚁具有两个腺体，上述化学物质就是从这两腺体其中一个分泌的，它们位于紧挨蚂蚁最后体节末端的肛门内。实际上，当一只工蚁说"跟着我，我已经发现了一些食物"时，在从食源地回到巢的途中，它就会从上述两分泌腺之一——直肠腺——存积一个痕迹。当它遇到其他工蚁时，就会摇摆自己的头并用其两触角触碰其他工蚁。如果食物为液体，它就会张开其上颚反哺一点液体食物给相遇者。对方尝到食物后，就会沿着痕迹到达新发现的食源地；第二类募集信息则传递着完全不同的含义。当一侦察工蚁选定一个地方建立新巢时，它又会留下直肠腺分泌的痕迹。但是，这一次，它用触摸信号与痕迹组合来"告诉"其他工蚁：它准备招募

遭遇一敌对者后，一非洲织叶蚁（黑）通过快速地前、后运动以招募蚁巢同伴。我们相信，这一信号进化成了攻击行为的仪式化形式。

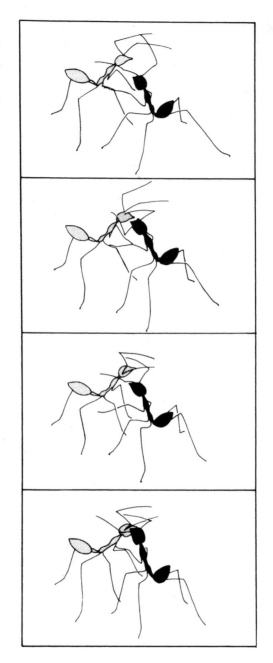

同伴或独自前往（它发现的）新巢址；第三类信息是，当在附近遭遇敌对者时，工蚁就发出警报，即在入侵者周围留下短暂的环形痕迹，这种痕迹是由胸腺分泌的物质（募集物质的第二个来源）。在这一情况下，无须做出特定的触碰动作。工蚁利用剩下的两类募集信息、通过不同信息的组合来指引蚁巢同伴去往新的未开发的领域，或是告诉同伴在远处遭遇了敌人。

在 20 世纪 70 年代，英国昆虫学家约翰·布拉德肖（John Bradshaw）及其两位同事，在非洲织叶蚁中又发现了另一报警系统，其原理是利用了不同含义的多种信息素。当一工蚁在巢内或在集群领域发现敌人时，它就会从多种腺体（位于头部开口于上颚）释放出 4 种化学物质的混合物。这一混合物以不同速度在空气中扩散，使其同伴检测到混合物的不同浓度，这样它的姐妹工蚁们便会逐一地感知到这 4 种化学物质：最先是己醛（一种醛）唤醒了这些蚂蚁促其警觉，使它们的触角前后摆动以搜寻其他气味；然后当己醇（一种醇）达到足够量时，会使它们去寻找敌人的源头；接着是十一烷，它会引诱工蚁接近敌人源头并刺激工蚁与敌人战斗；最后，当最接近目的地时，工蚁感知到了油酸辛烯醇，这更促使它们与敌对者进行撕咬。

总结近 20 年的研究，织叶蚁的化学语言很接近人类的句法，即利用化学"单词"的不同组合传递不同的"短语"。它们甚至还能调节其他信号（主要是由触角和声音组成的）的强度。

这些引人注目的昆虫都是古老类型，被发现于从欧洲波罗的海发掘的 3 000 万年前的美丽琥珀中。它们从非洲跨越到昆士兰和所罗门群岛的整个旧大陆热带的低地森林，一直占据优势，它们成功迁徙的秘密必定与其有效的化学通信有关系。但是，更有把握的是基于更精细的通信形式蚂蚁就可在树冠层构筑大型的阁楼。只有利用这些阁楼式的巢才能使这些以庞大的群体为集群的物种得到庇护。为了离开地面生活，像织叶蚁这样大的多数蚂蚁需要以植株中的洞穴为巢，如在大片树皮下的空处或由木栖甲虫开凿的废弃的洞穴。但这样的地方相对少见，也极难容纳数以千计蚂蚁的集群。织叶蚁通过自身筑巢能力的进化已经克服了这一障碍。它们把小枝和叶编织在一起就创造了具有底部、墙壁和顶层的"大房子"。

约瑟夫·班克斯（Joseph Banks）是见证织叶蚁筑巢的第一位欧洲人。1768 年，他伴随库克船长航行到澳大利亚时就发现，织叶蚁是"在树上筑巢，巢的大小在人的头和人的拳头大小之间。它们把一些叶片弯曲在一起，并用浅白色黏性物质把树叶紧紧地胶合在一起。在做上述工作时，它们的技巧相当稀奇：它们按自己选择的方向弯下 4 片宽度大过人手掌的叶子，单个个体是无法完成的，要筑成这样的巢，需要数以千计的个体方能完成。我曾经看到它们拉下一些树叶的情形——许多蚂蚁在尽力地拉和压，同时还有其他一些蚂蚁在忙于黏合"。[1]

对早期读者来说，班克斯的上述记载似乎很奇怪，但几乎都是正确的。数以百计的织叶蚁确实像士兵列队那样，一个接一个地排成一行行。它们用其后足的爪和爪垫紧紧抓住一片叶片的边缘，而用其前足和上颚抓住另一片叶子，并且把这两片叶子的边缘靠在一起。当这两片叶子间的空隙宽于一只蚂蚁的长度时，工蚁就利用一个令人印象更为深刻的战术，班克斯从没见过这种战

---

[1]　J. C. Beaglehole, ed., The "Endeavour" Journal of Joseph Banks, 17681776, vol. 2, p. 196, Sydney, Halstead Press, 1962.——原书注

术（他毕竟要忙于发现澳大利亚其他的奇事）：一只领头工蚁用其上颚紧紧夹住一片叶子，然后第二只工蚁趴在第一只工蚁下面并紧抓其腰部，接着第三只工蚁趴在第二只工蚁下面并紧抓其腰部，如此继续直至10余只工蚁的链条形成，这样的链条往往还会被风吹得自由摆动。当链条末端的那只工蚁最终能到达远处的叶子的边缘时，它就用上颚咬住叶子把两片叶子连起来。然后，所有工蚁的力量都往后拉以将两片叶子靠在一起。有时两片叶子靠得较近时，只用一根链条就可把两片叶拉在一起，但通常要用数条并排的这样的链才能把两片叶子拉在一起。其中一些工蚁，通过行迹从筑巢地返回原巢以募集伙伴来筑巢。它们不仅在叶片和枝上留下痕迹物质，而且在形成链条的蚂蚁身上也有。很快，一张由蚂蚁组成的网状物就这样形成了——它令人惊奇，其表面有数以千计的足和触角在小幅度活动！

但是，以上所有的描述都留下了一个重要问题尚待解答：蚂蚁如何决定哪片叶子该放在第一位置？英国昆虫学家约翰·萨德（John Sudd）于1963年发现，这一过程其实很简单而且很有效：试图建立新巢的蚂蚁，可能被生活在旧巢的拥挤状态而促动，就单个地沿着叶片边缘搜寻且偶尔停下来去拉拉叶片的边缘。当它们成功地把叶片向上卷起时，哪怕是卷起一点点，一些蚂蚁就快速前来抓住并继续往上卷。这一成功活动又吸引着附近其他工蚁前来参与卷叶工作。当叶片继续弯曲时，又有更多的工蚁参与进来。上述过程就是一个简单重复的公式：工作引起成功——成功引起继续工作——继续工作引起更大成功。开始把两片叶子拉卷在一起可能是由少数工蚁组成的部队参与的，而把三片或更多片叶子拉卷在一起就要大部分工蚁参与了。

现在，其他织叶蚁的工蚁就开始准备涂抹如约瑟夫·班克斯所说的白色"黏胶"了。这种黏胶不是如他所说的糨糊，而是由集群中的像蛆和蛴螬的幼虫所吐出的丝线，这是由德国动物学家弗朗茨·多夫莱茵（Franz Doflein）于1905年发现的。如何利用这些丝线是在织叶蚁信息库中最迷人的行为，而且织叶蚁这个名字也来源于此。被招募来的幼虫处于发育的最后阶段，随后蜕皮成蛹，最后变成具有6足的成体。在筑巢过程中，这些幼虫被两个体型较大的成年工蚁托起，被运送到上述卷起的叶片边缘处。工蚁让幼虫用其上颚轻轻钳住叶片并在叶片边缘来回移动，幼虫则从其口器下方的管状物中渗出丝线。数以千计这样的丝线被并排放入两叶的边缘间，作为一片整体覆盖物，最后成了把叶片黏合在一起的强力黏合剂。

通过工蚁和幼虫间的默契配合，工蚁自身成了活梭子，而幼虫丢弃了用来做茧以保护自身的丝线。然而幼虫的这种牺牲不是纯真的利他主义——它们受到了用它们丝线所筑的巢的庇护，而无须茧的帮助就可更安全地蜕变为成体工蚁。

为了记录幼虫吐丝的细节，我们对所拍影片的整个过程进行了观察分析。我们观察到幼虫最明显的一个特点（仅次于吐丝）是保持自身状态的严格性。织叶蚁幼虫发育时没有如下信号，即吐丝做茧时整个身体尽力伸缩或头向上猛伸和左右摆动；而这是除织叶蚁以外的蚂蚁、蝴蝶和其他完全变态昆虫在非成熟阶段吐丝成茧时的典型信号。织叶蚁幼虫被成年工蚁从巢中带出，大体上就变成了成年工蚁的被动工具。当幼虫快被带到新巢叶片表面时，才会把头稍稍伸出，这显然是接触叶片前的一种自我定位方式。除此之外，它只是静止不动地在吐丝。

幼虫吐丝的"舞蹈编排"确保了这是一个快速而准确的双人舞。工蚁用其上颚咬住幼虫接近新巢的叶片边缘时，恰好使幼虫的头在其前伸出，仿佛幼虫就是其身体的延伸。其触角的顶端向下聚集在叶片的边缘，并且沿着叶面活动 0.2 秒，就像一个被蒙住眼睛的人在摸一张桌子边缘，以便获得桌子的位置和形状的概念一样。然后，工蚁把幼虫的头朝下以触及叶片表面，1 秒钟后它再举起幼虫。这期间，工蚁用其触角的顶部在幼虫头部的周围轻敲约 10 次。这种微妙的轻敲显然是向幼虫发出的吐丝信号。不过我们不能确定这种轻敲是否代表上述信号。但是当被轻敲时，幼虫确能释放出少量的丝，且能自动地粘住叶片表面。

在幼虫被工蚁的触角从叶片边缘夹起来的一刹那，它的触角就向上举起并张开。然后工蚁转过身，带幼虫直接到对面叶片的边缘，使吐的丝成为线状。当工蚁到达第二片叶片的表面时，它几乎精确地重复着原来的动作。这次，幼虫把丝放在叶片上并压牢固。然后工蚁和幼虫像跳探戈舞那样重回第一片叶片的边缘重新开始下一轮工作。如此，由工蚁和幼虫组成的大型有节律的部队，日复一日地辛苦劳作，在庞大的树冠帝国中把树叶拼在一起并黏合，筑下了数以百计的"阁楼"。织叶蚁还在"阁楼"内添加丝制隧道和房间，以建造出更紧密和精致的住处。

1964 年，玛丽·利基（Mary Leakey）是肯尼亚研究古生物学的老前辈，她在人类化石史方面做出了重要贡献。她把织叶蚁属（*Oecophylla*）这种已灭绝物种的部分化石集群送给了威尔逊，这是她在调查早期人类遗迹期间发现的。该化石的年代约在 1 500 万年前，由具有不同生活阶段和类型的许多片段组成，很像现代非洲和亚洲的织叶蚁。化石中的蛹是裸露着的，也就是说，化石的幼虫，并不会像现代物种那样织茧。化石中还有叶片碎片，与蚂蚁混杂在一起，因此，我们可以推断，在很早以前，织叶蚁的一个"阁楼"从树上落入一汪水池中，后来水池被快速凝结的含钙物掩盖——就有了今天的化石。如果这一推测为真，则现在织叶蚁在热带树冠层占优势的这一独特的社会系统，在人类起源的1 000万年前就出现了。

一般来说，在蚂蚁的通信系统中，信息素是常用的介质，但是它们还可通过其他若干渠道传递信号。在多数物种中，一类简单的信息是通过一只蚂蚁轻拍或轻敲另一只蚂蚁的身体传递的，这种传递方式既简单又直接。例如，一只工蚁可简单地伸出其前足触及另一只同巢蚂蚁称为下唇的头部部分（相当于人的舌头部分），就可使后者反哺液体食物。蚂蚁对触碰的反应相当于呕吐反射，若反哺的液体为美食（至少对于其他蚂蚁是这样）则可被接受者贪婪地吞下。霍尔多布勒发现，用自己头上拔下的一根毛发去触及所饲养蚂蚁的下唇，也可触发反哺动作。显然，这些蚂蚁关心的不是它体型大和奇怪的形象，而是把它看作一位友好的巢蚁伙伴。

大多数蚂蚁也用声音通信。蚂蚁腰部有一个薄的横向刮削器，紧靠腹部有一个"洗衣板结构"，由一些纤细的、如同锉刀样的平行脊组成，通过刮削器与洗衣板结构的摩擦会产生吱吱的尖锐的声音。昆虫学家称这一行为为摩擦发音。人类很难听到这一信号，只有在蚂蚁极为不安并使劲鸣叫时人类才能听到，如用镊子钳住一只工蚁或者一只蚁后，紧靠耳边即可听到。

这种尖叫声具有多种功能，但到底具有哪种功能依物种和环境而定。有些类型的蚂蚁会用它来求助，这是德国动物学家休伯特·马克勒（Hubert Markl）首先在切叶蚁属（*Atta*）的切叶蚁身上发现的。下大雨期间，坍塌的土壤往往会把工蚁埋在迷宫似的地下巢穴中，陷入困境的蚂蚁就会发出尖叫声，召唤蚁巢同伴把它们挖出来。这种求救信号不是通过空气传播到地面的那部分声能，而是救助者利用其足内极为敏感的探测器，探测传到地面的振动实现的。

阿根廷昆虫学家弗拉维奥·罗塞斯（Flavio Roses）在和霍尔多布勒以及于尔根·陶茨（Jürgen Tautz）在维尔茨堡的共同工作中，发现了切叶蚁摩擦发声的另一功能。工蚁在它们收获植物性食物时具有高度选择性。一旦觅食者找到了一片非常理想的叶片，就"唱歌"以邀请附近的同伴前来回收。由摩擦器官产生的振幅先经过自己躯体，再经过头部在叶片表面向前传递，这一振幅的声音可被方圆 15 厘米内的其他工蚁"检测"到。叶片的营养价值越高，所传递的振幅就越大。

盘腹蚁属（*Aphaenogaster*）中栖居于沙漠的蚂蚁发出尖叫声则另有原因。当一只觅食工蚁遇到一大块食物，诸如一只死蟑螂或一甲虫时，它就"呼叫"以唤起同伴注意。这种呼叫声是一强化剂而不是一个原始信号；它不是通过本身吸引其他工蚁，而是诱导其他工蚁对常规的化学信号和身体接触做出更迅速的反应。

听觉通信的另一模式是用自己的头在硬的东西的表面上敲击，以木工蚁属（*Camponotus*）的木工蚂蚁为例，敲击声通过表面传递以警示同伴存在危险。利用这一听觉通信的物种多数是生活在朽木或是用自己咬碎的植物纤维所构筑的类似纸箱的蚁巢中。

蚂蚁的轻敲、触摸、尖叫和一起跳舞等行为，令观察者印象深刻，但在构成蚂蚁完整工作的流程中，它们所占的分量仍十分

美洲木工蚁的一个
物种——佛罗里达木工蚁
（*Camponotus floridanus*）的
两只工蚁在交换液体食物。

上图，左边工蚁用其
前足触碰供食工蚁头部以
诱发供食者反哺。

下图，供食者的食物
（右边）从其嗉囊（K，用
作"社会胃"的储存器官）
经过食管进入受食者的口
器和嗉囊。少量食物也可
从嗉囊进入中央管（M）
为供者自己食用。废物则
通过直肠膀胱（R）排出。
（蒂丽德·福赛思绘图）

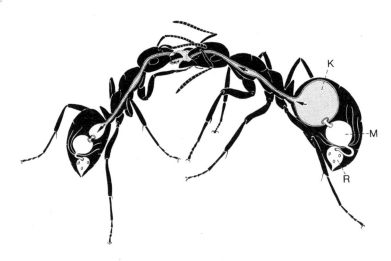

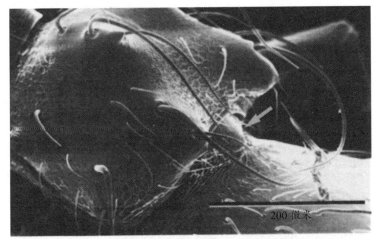

200 微米

图中为切叶蚁（*Atta cephalotes*）的摩擦器官，工蚁借此发出尖叫声以对其蚁巢同伴报警。上图用箭头显示摩擦器官的一小部分。该器官位于后腹柄（"腰"）和胃之间，尖叫声就由此发出。下图提供了摩擦器官更精细的"锉刀式"表面。（弗拉维奥·罗塞斯的电子显微镜扫描图）

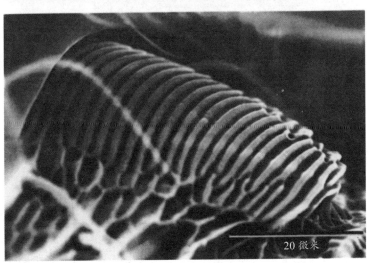

20 微米

在某些蚂蚁物种中，集团式回收大大提高了觅食的效率。这里三只大的美洲荒漠蚁（*Aphaenogaster cockerelli*）在协作回收一只丝螽昆虫尸体。

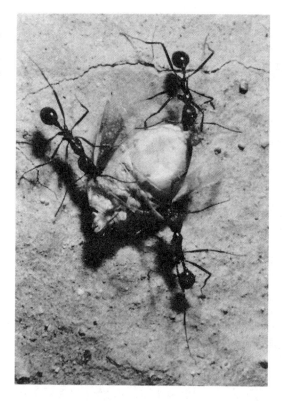

有限。蚂蚁不能依赖视觉，其中绝大多数物种都没有发育出这一感官，它们多数永久地生活在地下。在土巢无光和空气稀少的条件下，更有效的通信方式是通过信息素完成。实际上蚂蚁是外分泌腺的步行电池，可以通过外分泌腺制造出大量的信息素物质。我们估计，蚂蚁这个物种一般利用的化学"单词"或"短语"在10~20个，其中每一个都具有独特但普通的含义。在这些含义的类别中，研究它们的生物学者最了解的有：吸引、募集、警告、识别其他职别、识别幼虫和其他发育阶段，以及同巢同伴和异巢陌生者间的区别。来自蚁后的其他信息素能够抑制其女儿产卵以

　　非洲织叶蚁在树冠上建立的庞大领域。在左前方,一只工蚁在恐吓敌对集群的一位成员;在这只工蚁后面,一些蚁巢同伴把另一个敌人压倒在下面;而在蚁巢同伴的右方,一只工蚁跑到蚁巢的一分枝处,从腹的末端产下化学痕迹,以引导蚁巢其他同伴参加战斗;在右下方,集群其他成员在征战一只大的狩猎猛蚁。(由约翰·道森画图,感谢美国国家地理学会)

图中为在捍卫领域中，织叶蚁的通信方式。

左页上图：一只工蚁从腹的末端产下嗅迹以示蚁巢同伴有来犯之敌。

左页下图：遇到蚁巢同伴时，招募者跳起了固有"舞"：抬高腹部、张开上颚和身体前后快速运动。

右页上图：一些惊恐的织叶蚁迎击敌对者——张开上颚和胃腹部抬起呈公鸡尾状。

右页下图：与敌对者相遇时，织叶蚁将敌人左右拽住，呈一字形展开，直至将其抻死。

上图：战斗结束后，织叶蚁把战死的敌对者和伙伴运回巢以作食物。

下图：甚至最机敏和最强悍的敌对者，如细蚁属的工蚁，也会被抓住和制服。

对开页图注：织叶蚁的工蚁用自己身体组成的链条允许它们横穿过宽广的空间，并在筑巢时可把不同的叶片拉在一起。在顶部显示一条单链条；在底部，多条链已形成一条牢固的粗绳，工蚁可在绳上来回奔跑，有时还在其上产下嗅迹。

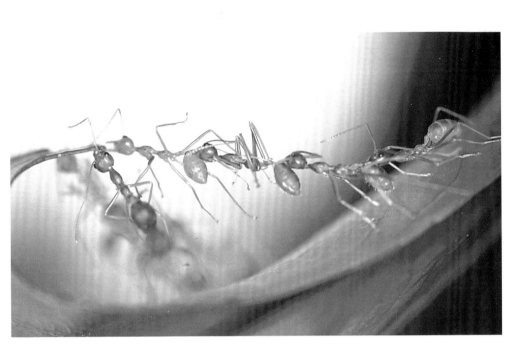

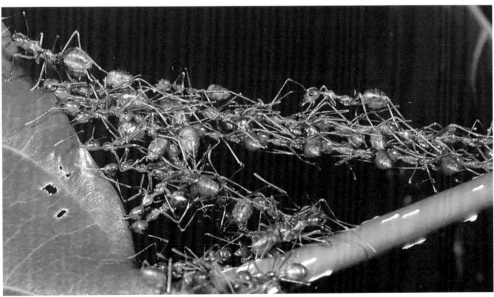

　　织叶蚁形成多排链条，它们通力合作，用足够大的力量把两叶子的边缘拉在一起；当把两片叶子拉到位时，它们就用幼虫丝把叶缠绕在一起。

　　织叶蚁筑巢的最后阶段是用幼虫丝缠绕各叶片。一只工蚁用其上颚抓住一成熟幼虫并前后移动，而幼虫从头部吐出连续的丝线。数以千计的丝线就连成了一张牢固的覆盖网。

长结织叶蚁（*Oecophylla longinoda*）筑起一新巢。

及抑制其女儿幼虫发育成与自己竞争的蚁后。兵蚁是特化成专门保卫集群安全的大型蚂蚁，兵蚁产生的另一些信息素也是抑制信息素，可以减少幼虫发育成兵蚁的百分比。这种抑制不是一种自私行为，抑制幼虫发育成兵蚁避免了它们在工作中的相互竞争，从总体看这有利于整个社会。这一稳定保卫力量大小的负反馈回路，确保了负责集群日常工作的其他蚂蚁总是能足够好地完成各自相应的工作。

利用化学物质进行通信的普遍性，并不代表智力上的优势。对人类来说，我们对蚂蚁的好奇源于我们的生理限制。在识别化学物质方面，我们只能区分少数几种气味。我们只有少数几个词语来表达甜、臭、咸、酸、麝香味、辛辣和少数其他的几种味觉。当我们用完上述词语后，就要通过特定对象的可视特点，诸如铜色、玫瑰香、似香蕉和呈方形等加以识别。与上形成鲜明对比的是，我们的听觉和视觉通道很好，借此我们建立了人类文明。而蚂蚁走的是另一条进化路线，在听觉上进化很慢，而在视觉上则毫无进化。

当我们以反常的身高（对蚂蚁而言）俯视蚂蚁集群时，我们就像电影中出现的庞然大物，一开始对蚂蚁的组织模式几乎一无所知。我们眼中的蚂蚁仿佛是被蒙住了眼，寂静地在周围乱跑。在化学家和生物学家联合起来，研究蚂蚁如何利用有机化合物的微量痕迹进行通信之前，蚂蚁的组织规则一直是个谜。在给定时间内，每只工蚁所带的信息素不超过百万分之一克或千万分之一克。在大多数情况下，人的鼻子是感觉不到这个量的。

然而我们不要就此认为蚂蚁很特别，至少当我们将其与其他生物进行比较时，蚂蚁就没那么特别了。大量的物种，如果把微生物包括在内的话，99% 以上的物种几乎都是或完全在分子水平

地下蚂蚁——棒香茅蚁（*Acanthomyops claviger*），通过上颚腺（M）和杜氏腺（D）释放出化学物质的混合物，以警示其同蚁巢同伴有敌情。这些具有毒性化学物质的分泌物也用来抵抗仇敌。（引自F.E.雷尼尔和威尔逊，昆虫生理学杂志，1968年，14卷，7期，955~970页）

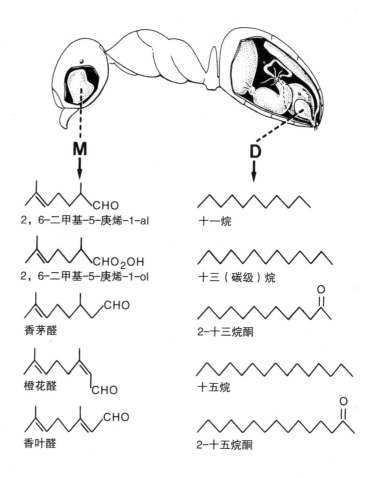

M	**D**
2，6-二甲基-5-庚烯-1-al	十一烷
2，6-二甲基-5-庚烯-1-ol	十三（碳级）烷
香茅醛	2-十三烷酮
橙花醛	十五烷
香叶醛	2-十五烷酮

上进行通信的。单细胞生物，必然是通过环境中精细的化学变化而进化的，这种变化包括接近捕食者、猎物和潜在同伴的气味。它们微小的身体具有正确解读化学物质（不是光和声的模式）的能力。当较大的有机体出现时，构成其组织的细胞继续通过激素进行通信，这些激素作为化学信使从身体的一部分流向身体的另一部分。激素调节生理反应使组织和器官很好地保持协调。只有比微生物大得多的昆虫和其他动物才有足够的细胞去创造具有复

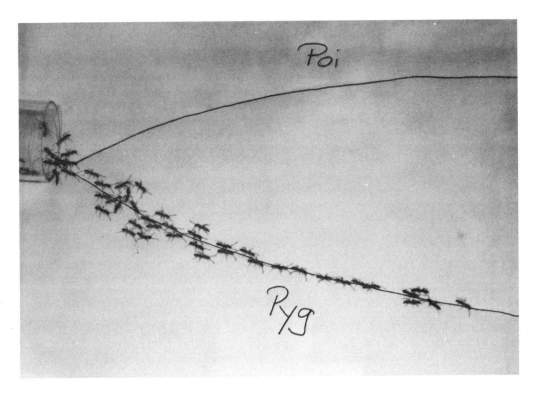

　　留下人工痕迹是测定蚂蚁产生天然分泌物潜力的标准方法，在这里用的是澳大利亚细猛蚁属（*Leptogenys*）的细猛蚁。工蚁在其毒液腺和臀板腺内产生痕迹信息素。臀板腺的信息素更有效，当这两种信息素的人工痕迹沿着图中铅笔线涂抹时，所有的工蚁都沿着臀板腺（Pyg）痕迹的铅笔线行走。其他的实验表明，由毒液腺（Poi）信息素做成的痕迹的主要作用是，一旦臀板腺信息素为蚂蚁发出了信息，就对蚂蚁行为有定向作用。

杂结构的视觉和听觉器官，并且只有用这一扩展性能，才能使有机体在视听通道内进行有效的沟通。蚂蚁没有冒险进入人类占据优势的感觉世界，它们仍然在更原始的环境中掌握着古老的技能。包含哺乳动物的脊椎动物，是突然改变传统进化方向的生物，脊椎动物进入了一个新的感觉领域。在这一领域，（比起蚂蚁）我们至少现在能够估量脊椎动物和人类占领了一个更大范围的世界。

第五章 战争和外交政策

织叶蚁有个奇观，即它们的各集群，就像意大利的各城邦那样，总是陷入长期的边境冲突，这是整个昆虫社会生存状况的一个范例。这可以证明，在所有动物中，蚂蚁是好战且最有侵略性的。在有组织的恶行方面，蚂蚁远远超过人类，与蚂蚁相比较而言，我们是文雅和温情的。蚂蚁外交政策的目标可总结如下：无休止地侵略、征服领地并尽可能地消灭邻近的集群。

居住在从班格尔到里士满的大西洋海岸的城镇居民，每到夏天有时会不经意地发现蚂蚁战争。如果我们的眼睛习惯性地观察地面，比如草坪中的一块秃地、人行道的边缘或者排水沟，往往就可以看到一团团的铺道蚁（*Tetramorium caespitum*），每团蚂蚁相当于人伸开的手掌那样大。如果想更靠近察看，最好利用放大镜，就可观察到这团蚂蚁是由数百或数千只工蚁组成的，它们在相互撕杀，它们上颚互顶、绞杀和咬断对手的足。交战者是敌对的集群中的成员，它们在为争夺领地而战。一列列的工蚁来回地在蚁巢和战地间奔跑。一般而言，较大的集群在战斗中投入较多的"兵力"，而把较小的集群压缩到相对小的空间或者将之完全消灭。

蚂蚁的交战，既可在同种也可在异种间进行。它们应用的某种战略，可能还被拿破仑时代的战争学大师卡尔·冯·克劳斯威茨描述过。威尔逊把美国南部的两个物种——红火蚁（*Solenopsis*

invicta）和林地盛产的尖齿大头蚁（*Pheidole dentata*）的两集群放在一起时，发现了算得上惨烈的一个战例。强悍的火蚁是尖齿大头蚁的死敌，前者的蚁巢比后者的大100多倍；如果在实验条件的限制下，前者会很快击败后者并将其吃掉。然而，尖齿大头蚁集群在野外的松林和灌木区与红火蚁却能和平其处。它们是如何避开这一强敌的呢？

尖齿大头蚁防御的秘密是在集群中有专门的职别兵蚁，以及显然是为击败红火蚁的进攻所设计的三步战略。兵蚁那小小的脑被大型头部包裹着，整个头部都被强有力的肌肉环包着，这些肌肉操纵着头部两个锐利的三角形上颚。这些兵蚁不是对敌对者叮咬或喷射毒液（这些是大多数蚂蚁偏爱的进攻手段），而是用如同金属钳的上颚，剪断敌对者的头、足和其他部分。如果没有危险，这些占整个集群群体仅约10%的兵蚁，在巢内是一群"游手好闲"者；有时，它们跟随着到巢外觅食的小头工蚁（相对于大头兵蚁而言），保护找到的大批食物以防被其他集群的蚂蚁夺走。但是在多数时间里，它们只是在巢内闲等，很像停在停机场上一群装满了燃料的战斗机。它们及其小头工蚁，对红火蚁的警惕性都本能地要高于对其他敌对者的警惕性。小头工蚁经常在其巢周围巡查，主要是觅食，但总是警惕敌对者的接近，特别是红火蚁。一只掉队的火蚁如靠近其巢，就足以触发小头工蚁的强烈反应。与这只掉队红火蚁相遇的小工蚁，会冲上前去与之战斗，足够近地与之接触，以在其身上获得敌对者的一些气味，然后退出跑到巢内。在回巢途中，其腹部的顶端重复触地，以留下其毒腺的分泌物，留下气味。在回巢途中，这只作为侦探的小工蚁，仓促地接触其碰到的每一个巢伴后继续往巢的方向跑。由于接收到侦探小工蚁所分泌的信息素，以及敌对者留在这只小工蚁身上气味的综合影响，其他的小工蚁和兵蚁就沿着途中的痕迹搜寻那只红火蚁。搜寻到这只红火蚁并短暂与之接触后，其中一些小工蚁就返回巢内以募集巢内其他成员；而各兵蚁则把火蚁包围起来并对其痛击。如果只有这一个敌对者，则战斗立刻结束。纵使有若干只红火蚁，也能在数分钟内将其猎取。不过，这样的胜利还不足使尖齿大头蚁的兵蚁满意，它们还要在周围搜索 1~2 个小时，以确定是否还有其他敌对者存在。而这些兵蚁就很难活着回巢了。但如果没有来自前方的信息报道，那么集群就抓瞎了。如果红火蚁发现了尖齿大头蚁的集群，就会将它们一举歼灭。但是，防卫者大头蚁具有"一触即发"的反应能力，在多数情况下都不会被敌对者发现。

偶尔，甚至在红火蚁的侦察蚁冲破了防护屏障，并且上演一场全面战役的情况下，捍卫者大头蚁还有有效的撤退措施。越来越多的红火蚁沿着自己的痕迹抵达战场，大头蚁的兵蚁也在继续增援。成群的战斗者以"搜索-破坏"的疯狂方式在战斗着。大头蚁的小工蚁很少参加这类战斗，其中多数已撤退返回家巢。战场上很快就布满了被红火蚁毒液致残或杀害的大头蚁的兵蚁，也混有被大头蚁的兵蚁用上颚肢解的红火蚁碎片。不过，等到大头蚁有足够数量时，总有一天它们会杀回来。当大头蚁的兵蚁撤退时，它们应用了被劳斯威茨称赞过的战术——紧缩队形以在巢的入口处形成局部的优势兵力，由此它们就可冲破敌对者的先头部队而逃离。

与此同时，在巢内大头蚁的小工蚁在为最后的离开做准备。受到红火蚁入侵的刺激，越来越多的小工蚁穿过各巢室和走道，同时在所经之处产下嗅迹以引起其巢内同伴的警觉。这一活动得

尖齿大头蚁（黑色）
预告敌情的详细图解：其
工蚁对红火蚁及其红火蚁
属（*Solenopsis*, 灰色）的敌
对者的反应，比起对其他
类型的蚂蚁更为强烈。与
巢附近的红火工蚁接触后，
大头蚁的小工蚁返回巢内，
在途中用腹部尖端触及地
面产下痕迹（图上部的点
状线）。这种痕迹信息素吸
引小工蚁和大工蚁（即兵
蚁）前往战场。大工蚁在
消灭入侵者方面特别有效，
它们用其有效的如同钳子
的上颚肢解入侵者。某些
大头蚁也被红火蚁的毒液
致残或遭杀害。（萨拉·兰
德里绘图）

到迅速传播，这是动物行为记录史上少数几个正反馈行为之一。
巢中同伴的集结以爆炸式反应的方式达到了顶点：在像发了疯似
的数分钟内，有许多小工蚁用它们的上颚携带着卵、幼虫和蛹通
过战斗区逃到安全地带。逃离时，它们显然没有任何协作活动。
但在大头蚁集群的生活中，就只有这样一次是各顾各的，甚至蚁
后也独自逃离。

大头蚁的兵蚁非常恪尽职守，它们程序化地做该做的事，一

直坚持战斗到死。它们就和斯巴达的保卫者一样，在塞莫皮莱山口①与波斯游牧民族决斗，坚守阵地直至阵亡。经过那场战斗，后人为纪念他们，在那里竖了一个金属牌，上面刻着："陌生人，如果你遇到了斯巴达人，告诉他们，我们躺在这儿，恪守着军令。"

最后，当红火蚁放弃攻占的巢址后，大头蚁幸存者会陆续返回，重新开始它们的集体生活。如果 1~2 个月未受干扰，它们会培育出一批新的兵蚁，并继续过着与以前一样的生活，仿佛什么事也没发生过。蚂蚁的这种钟表式的、有规律的社会组织方式，与人类社会的行事逻辑的组织方式很不一样。

蚂蚁之间的战争都与领地或食物有关。在北欧，多栉蚁（*Formica polyctena*，木蚁的一个物种）会在同一物种的不同集群间进行同类相食的战争。这种掠夺战在食物短缺时期，尤其是在早春集群开始发展时达到顶峰。多栉蚁也会攻击其他蚂蚁物种，在这些情况下，战争惨烈到足以使失败一方在局部地区消亡。拥有稠密的群体和毒刺的"小火蚁"（*Wasmannia auropunctata*），在某些情况下能在广大区域内消灭其他整个蚂蚁集群。20 世纪 60 年代或 70 年代初，人类通过贸易偶然把"小火蚁"引入加拉帕戈斯群岛的一个或两个岛，现其已扩散到整个群岛，在它们所经地区几乎没有其他蚂蚁生存，因为其他蚂蚁几乎都被它们杀害并当作食物了。

有两个蚂蚁物种，即起源于非洲的褐大头蚁（*Pheidole meg-acephala*）和起源于南美洲南部的"阿根廷蚁"——小直臭蚁（*Linepi-thema humilis*），以前被称为阿根廷虹臭蚁（*Iridomyrmex humilis*），因为它不仅对其他蚂蚁有害，而且对整个自然的昆虫群的破坏都是臭名昭著的。在 19 世纪期间，褐大头蚁偶然通过货船被带进夏

---

① 现为希腊东部的一处多石岩平原，古时曾是一山口。——译者注

威夷后，在低洼地上以惊人的速度繁殖起来，毁灭了当地几乎所有的其他昆虫物种，可能还消灭了某些天然鸟类。因此，当这两种破坏——褐大头蚁和小直臭蚁相遇时总是势不两立也就不足为奇了。小直臭蚁通常在南北纬30度至36度之间的亚热带到温带地区称霸，而褐大头蚁则是夹于其间的热带地区的胜利者。小直臭蚁在加利福尼亚南部、地中海诸国、澳大利亚西南部和马德拉岛占优势，扰乱了这些地区的生境。在夏威夷，小直臭蚁只占据海拔约1 000米以上，即足够凉爽的地区，而这里不利于褐大头蚁生存。这两个物种都在往新环境渗透。这就像古老的祖鲁族①那样，由工蚁组成浩浩荡荡的突击队为先行蚁，为众多的工蚁和蚁后扫清通往新居的道路，然后它们进入新的巢址并牢牢控制周围地区。与此相反，在通常情况下，新蚁群是由很小群的工蚁和蚁后（如通过货运得以传播）发展起来的。

有时一个蚂蚁物种在环境中所占的优势甚至足以挑战人的生存。早在16世纪初，一种毒刺蚁大量出现在伊斯帕尼奥拉岛和牙买加，几乎使西班牙人欲放弃他们的这些早期殖民地。伊斯帕尼奥拉岛的居民请求他们的庇护人圣·萨脱尼（St. Saturnin），保护他们免受蚂蚁之灾。为了赶走蚂蚁，他们还在街道上举行宗教式游行。上述具有毒刺的蚂蚁，现在的正式学名是杂食蚁（*Formica omnivora*），在18世纪60年代至70年代的巴巴多斯岛、格林纳达岛和马提尼克岛已繁殖到造成灾害的程度。格林纳达岛的立法机构颁布，对有办法消灭这种蚂蚁的人悬赏2万英镑，但最终没有成功。该物种由于没有受到大的威胁，只是随着岁月在自然衰退。

---

① 祖鲁族为非洲南部的一个民族，18世纪初，其领导者实行军事改革，组成军团作战以拓展领土。——译者注

现在看来，杂食蚁原是本地火蚁（*Solenopsis geminata*），今天仍作为西印度昆虫群落中的一员过着平静的生活。

不同蚂蚁采用的战术极为不同。少数蚂蚁充分利用了其智力和组织能力。在亚利桑那沙漠，有一种快速行走的蚂蚁——具霜虹蚁（*Forelius pruinosus*），它们可以利用其分泌的毒液去恐吓蜜蚁属（*Myrmecocystus*）蚂蚁成员，并且还会偷盗它们的食物，尽管后者的身体大小要比前者大10余倍。偶尔具霜虹蚁聚集在巢口并利用其化学武器，驱赶那些囊腹蚁属大蚂蚁到地下而使之不能外出。因此，这些大蚂蚁被清除出巢周围的觅食区后，具霜虹蚁就可收获更多的可利用食源。

西南部沙漠的另一种有恶臭味的小蚂蚁——二色锥蚁（*Conomyrma bicolor*），有一项奇特的堵巢技术。侦察蚁利用从腹部尖端的扁平腺所分泌的化学痕迹，募集大量蚁巢同伴聚集在囊腹蚁属蚂蚁巢周围。这些围攻者利用类似于具霜虹蚁的化学武器，也用上颚夹起卵石和其他小的物件往垂直巢道扔。尽管没有人明确知道，扔下的这些东西会改变巢内工蚁的什么行为，但其效应是减少了它们试图外出觅食的数量。由于敌对者被困在巢内，其他的二色锥蚁的工蚁就可不受干扰地觅食。二色锥蚁的技术让生物学者产生了另一兴趣：它们会利用工具是动物中的罕见事件之一。

欧洲有一种盗窃蚁——迅疾火蚁（*Solenopsis fugax*）。当它们侵入其他蚂蚁物种的巢内掠夺其幼小蚁时，会使用一种化学毒气物质；此外，其工蚁还是工兵专家，它们首先开凿一条精细的、从自己巢穴到目标集群的地下通道，打通者跑回自家巢穴招募同伴，然后同伴们涌入目标巢穴掠夺对方的幼小蚁作为食物。入侵者的毒腺可以分泌一种高效和持久的令蚂蚁种群厌恶的物质，从

在食物场地利用化学武器赶走竞争对手。

上图：一种红火蚁，南美螯蚁（*Solenopsis xyloni*）的工蚁，通过举起腹部和伸出其螯刺释放出带气味的毒液，保卫一个被分离的火蚁腹部（猎物）。

下图：盾胸切叶蚁属（*Meranoplus*）的觅食者，利用与上相似的战术在保卫蟑螂的一个腹部。

而可战胜比自己大得多的蚂蚁。这种分泌物可迷惑敌对者并使敌对者无能力反抗，从而达到肆意洗劫的目的。

侵略、劫食或盗食的另一特化形式出现在少数几个蚂蚁物种中。霍尔多布勒为了研究这一形式，在亚利桑那沙漠待了许多个夏季。受害者是收获蚁属（*Pogonomyrmex*）的蚂蚁，它们主要靠收集种子和植物可食部分作为食物来源。它们也断断续续地搜捕白蚁，特别是在雨后地表面出现大量白蚁的时候。盗贼是囊腹蚁属（*Myrmecocystus*）的蜜蚁，它们靠昆虫以及从蜜腺（花的腺体和植物其他部分）和膜翅目昆虫中获得的含糖分泌物为生。灵巧和快速的蜜蚁，往往会停下来观察满载食物的收获蚁，有时单独行动，有时结成小帮派；如果收获蚁运载的是植物食物就让其通过，如果运载的是白蚁就实施抢劫。当收获蚁试图撕咬和行刺蜜蚁时，行动快速的蜜蚁就一走了之。

蚂蚁在公共服务方面付出的最大牺牲，是在捍卫集群时以自杀为代价去摧毁敌对者。许多类型的蚂蚁都以某种方式承担了这一"敢死队队员"的作用，但是没有一个像生活在马来西亚雨林中的一个物种——属于桑德斯类（*Saundersi* group）中的弓背蚁属的工蚁那样引人注目了。德国昆虫学家埃利诺（Eleanore）和乌利齐·马施维茨夫妇在20世纪70年代发现，这些蚂蚁在解剖学和行为方面都已程序化为步行炸弹。两条充满毒液的巨大腺体，从上颚的基部一直贯穿到身体的尾部尖端，这种蚂蚁在战斗期间如果被敌对蚂蚁或是被捕食者死死压住，就会猛缩其腹肌而炸开体壁以向敌对者喷射毒液。

大约在马施维茨夫妇发现上述木工蚁属的那种"爆炸"物种（"炸弹蚁"）的同时，霍尔多布勒偶然发现了某种可能是社会昆虫中最精细的攻击战术。他发现，蜜蚁中一个物种的战略远远超出了领地的征服和保卫战的范畴。这一物种就是拟囊腹蚁（*Myrmecocystus mimicus*）的工蚁，它们极为依赖盯梢和虚张声势这类策略。毫不夸张地说，这可称得上是其外交政策的基本形式。它们侦察敌对者领地、设置哨卡，并且试图用精巧的炫耀行为，恐吓敌对者迫其投降，而在这一过程中很少实施实际的战斗。

拟囊腹蚁的这一战斗习惯，可用野外生物学家通常利用的研究技术揭示；经证明这一研究技术是高效的，但这里暂且不提，以便稍后在更一般意义的术语上揭示这一战斗习惯。公认的野外生物学家有两个学派，其区别在于研究时选择生物的方法。第一个学派的成员为理论-实验学者，他们设想了一个令人感兴趣的研究课题，而这一课题是可能通过探讨自然环境完成的。他们认同如下观念：生物学中的每一个问题，都存在一种适合于解决问题的生物。例如，他们可能开始于这样的问题：迁移在限制局部群体的大小方面是否起了关键作用？下一步就是确定易于迁移的物种，比如说草甸田鼠。然后用栅栏把自然条件下的草甸田鼠围起来，以确保群体大小基本不会变化。另一组群体大小类似的草甸田鼠则不用栅栏围起来用作对照。

第二学派的成员是博物学家，恰好与第一学派成员提出的研究方向相反。他们认为每类动物、植物或微生物的问题，都有理想的（特定）生物可以将之解决。博物学家选择特定的生物做研究，是因为喜欢研究它们；他们的动机往往一点也不复杂。他们到野外尽可能多地获取有关生物的生物学信息，然后用所获得的新信息去寻找一般科学上感兴趣的某一问题。例如，在研究草甸田鼠期间，某一特定的博物学家可能注意到：当群体拥挤时，年幼的田鼠有迁出

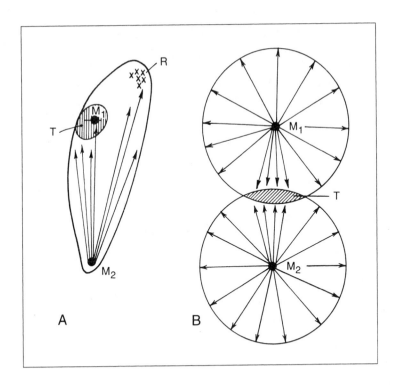

领域战争和扩张常在拟囊腹蚁中发生。在此图的 A 部分，来自巢 M_2 的一些工蚁从地点 R 取得食物，而巢 M_2 的另些工蚁吸引巢 M_1 的工蚁在靠近巢 M_1 的地方（T）进行炫耀式比武，借此干扰了巢 M_1 工蚁的觅食能力。在这图的 B 部分，巢 M_1 和巢 M_2 的觅食路线是以巢为中心向四面辐射；在两蚁巢觅食的重叠区（T）往往导致炫耀式比武，甚至一个集群消灭另一个集群。

的倾向。这一野外观察成果导致这位博物学家猜想：迁移控制群体密度。然后，他就可能做一个围栏试验，以验证该其猜想是否正确。

博物学家是机会主义者。他们的主要目标是尽可能多地学习有关物种给他们带来的快乐的所有方面。生物是他们的崇拜物，受到他们的崇拜和用来为科学服务。我们两人都属于上述生物学的第二个学派。我们是职业博物学家，并且将我们的大部分职业生涯奉献于把蚂蚁引进生物学的主流。

就是秉持这种精神，霍尔多布勒来到了亚利桑那州波特尔附近的沙漠地区。在 20 世纪 70 年代期间，他大致考察了所碰到的每一个蚂蚁物种，希望能有新发现。一天，他看见蜜蚁物种中的拟囊腹蚁在攻击白蚁，同时也在威胁其他的蜜蚁。这就是他想要研究的，所以现在接着讲上面暂时未说的故事。

蜜蚁的工蚁猎食其他昆虫和其他许多类型的节肢动物，尤其喜欢猎食白蚁。当一侦察蜜蚁遇上一群觅食昆虫（多数情况生活在朽木或干粪下，而朽木或干粪是白蚁的食物和住地）时，它就会跑回巢并在途中留下嗅迹。嗅迹中的吸引物质存于侦查蚁的直肠液中，通过肛门在途中呈点状的线条分布在地面上。它在途中遇到巢伴时会停下来猛触巢伴的身体。这些嗅迹加上身体接触的组合信号，足以吸引一小批觅食者前往白蚁住地。如果这些新的觅食者在白蚁住地附近还发现了其他蜜蚁集群的巢，其中部分觅食者会迅速跑回巢且在途中留下募集嗅迹，这可以募集到200只或更多的工蚁到达这一其他蜜蚁集群巢的附近。其中多数募集工蚁会与这一异巢的工蚁对垒，力图使其他蜜蚁留在巢内，而其他募集工蚁则连续地捕获白蚁并净之带回自己巢内。

蜜蚁很少进行以受伤和死亡为代价的肉搏战。它们会进行比武，一种精心策划的炫耀，其间来自两个集群的工蚁试图重复地恐吓和驱赶走竞争对手。它们在争议区以中世纪武士比武的方式，一对一地进行挑战。在上举头部、腹部，偶尔稍稍鼓起腹部的同时，它们还伸展其足以踩高跷的方式行走，这样让它们看起来比实际的大；它们再爬到小卵石和小泥块上，这就更放大了这种错觉效果。它们就在这一居高临下的位置，向对手进行炫耀。当两个对手第一次相遇时，它们会跳蚂蚁式"双人舞"：首先，双方转动身体使头彼此相对；然后，在站立使自己的身体抬得更高的同时，双方就转到了并排站立的位置；最后，在用自己的触角连击对方的身体和用自己的足踢向对方的同时，往往双方都在做圆周式的旋转。偶尔，一只蚂蚁倚靠着对手，好似并非想把对方推倒。上述所有动作，都是仪式化的、温和的，远未发挥它们的战斗潜力。双方中的任何一方，都可用其锐利的上颚或喷射蚁酸而致对方于死地。但是，在比武期间，这样的暴力行为却极少发生。数秒钟后，其中一个对手投降，对抗也就结束了。它们以高跷式的足抬高身躯相互告别后，又各自寻找下一个竞争对手了。在寻找中，若遇到的是同巢同伴而不是敌对者，就会扫动触角以核对其气味，核实后点头致意，然后，继续寻找对手。

上述整个不流血的炫耀式比武，类似于新几内亚马林部落的"非战之战"——双方的战斗部队分别排在领地边界的两侧，相互炫耀其礼仪盛装、头上装饰、兵力数量和武器装备。双方战士手舞足蹈，整个战场恐吓声不断。战士们射箭直至一方有一人受伤或死亡为止，然后双方各自返回。双方战争的期望结果是双方战斗力的交流，全面战争则极为罕见。

蜜蚁在这个暴力世界中是具有熟练沟通技巧的通信员，也以最少流血（或用正确的昆虫学术语为以最少流失淋巴）的方式保持着长期的权力平衡。某些集群（特别是大工蚁，即主要职别工蚁数量最多的集群）比其邻近集群占优势时，就会恐吓弱者离开比武场，使其进入离自己蚁巢更近的觅食区，这样就缩小了后者的觅食区而扩大了前者的觅食区。

各个蚂蚁个体都有能力估测敌对者的力量，并据此做出到底是抵抗还是顺从的反应。如此简单的蚂蚁是如何做出这样的估测并做出相应反应的呢？对霍尔多布勒来说，很显然，蚂蚁不能鸟瞰整个比武场。它们不能计算出两个集群的"战士"数量，甚至昆虫学家也不能做到这一点——至少在没有利用"定格胶片分析"

（stop-action film analysis）进行交战的全过程分析的情况是这样的。霍尔多布勒要做的正是这种分析：跟踪记录亚利桑那州的波特尔附近沙漠地区蜜蚁的踪迹。他把这些记录给理论生物学家查尔斯·拉姆斯登（Charles Lumsden）看，并共同研究这一问题。最终他们认识到，蚂蚁的工蚁至少有三条途径可间接地估计敌对者的实力。第一条途径是一个接一个地数战斗者"计算头数"。如果在战斗中，它们的巢友数超过敌对者数量时，比方说3对1，那么它们就在主观上认为，这种力量的不平衡有利于自己并倾向于进攻；反之，它们则退却。第二条途径是调查敌对者。如果碰到的敌对者大个体工蚁的数量多，则敌对者集群可能是大集群，因为只有集群接近成熟时，才可能产生百分数高的大个体工蚁。第三条途径是，单个蚂蚁等待炫耀比武的时间间隔，即等待还没有参与过仪式化比武敌对者的时间间隔。如果容易找到这样的敌对者，该单个蚂蚁就会忙于进行一对一的炫耀比武，这说明可能敌对者力量远比巢友的力量强；如果等待的时间长，则敌对者力量弱。

经过长年累月在沙漠调研和在室内经"定格摄影"分析后，霍尔多布勒得出结论：在一定程度上，蜜蚁在炫耀比武中都运用了检测敌对者实力的上述三条途径。他也发现，很小的、未成熟集群，也是实际战斗中容易被击毁的集群，它们可能会集中应用"计算头数"的途径或方法。这一方法能使它们最快知道敌对者实力是否相对强大，如果是，它们就可以快速而明智地撤退。

蜜蚁集群除了整个集群的炫耀比武这一方法外，还会利用敌情侦察和有限战斗的方法。它们会在两个集群蚁巢间（这之间最易发生炫耀比武事件）的边界区设置岗哨。"哨兵"有时只有数只工蚁（通常不会多于10余只），这些"哨兵"站在小卵石和小泥

蜜蚁的战争。上图：一个新集群（建群3年）的若干工蚁，遇到了来自一个成熟敌对集群的一只大工蚁。下图：它们进行炫耀比武之后，就发生了战争。如果来自新集群的这些工蚁击退或杀掉来自敌对集群的这只大工蚁，那么它们就要提前预防敌对集群的突然袭击，至少要有足够时间掩盖暴露其巢址的嗅迹，然后关闭其巢的入口。

块的顶部，其足以踩高跷式的姿态站立数小时，相邻集群的边界两边都各自设有岗哨。两边岗哨的卫士往往会进行小型炫耀比武，不分胜负的僵局可持续数天或数周。但如果来自一个集群的"哨兵"突然增加，那么来自另一集群的"哨兵"就会跑回自家蚁巢以招募一批巢友，其结果是升级为全面的炫耀比武。

读者们，请不要从以上的描述中得出"蜜蚁是文明者"的结论。它们具有置敌人于死地的上颚牙和化学武器，只是用形式化的比武仪式深深地隐藏了自己而已。当一个集群绝对强于其邻近集群时，或更确切地说，其兵力强于敌对集群 10 倍时，炫耀式比武就宣告结束，而全面战争正式开始。敌对双方相互撕咬、肢解对方，最后直至战胜方直奔战败方的老巢，残杀阻挡其道的战败工蚁。抵达地方巢穴后，杀害战败方的蚁后，俘获其幼虫、蛹和最年轻的成熟工蚁，也把其更老的大工蚁都拉回自家巢穴。——这些大工蚁（该物种的俗名为蜜蚁，就是建立在这些大个体基础上的）的腹部充满了植物的糖分泌液，成了集群其他个体的活储存器。当食物短缺时，它们就会把这些糖分泌液反哺给同巢伙伴。这些大工蚁被俘时，不会被杀害而会被编入获胜方集群。在这里，它们作为正式成员被收编，不是二等公民，也不会做奴仆。

然而不可否认的是：被俘者失去了它们的蚁后（它们自己集群的母亲），因而失去了它们的产卵能力，它们已经丧失了达尔文的生存理由[①]。它们不再有妹妹可供照顾，而这是属于一个集群存在的最主要的理由。上述蜜蚁外交政策的细节向我们揭示，蚂蚁基本上是生活在一个无情世界中。

---

① 此处指丧失了传宗接代的能力。——译者注

在 1966 年，蚂蚁进化过程中缺失的环节，即连接蚂蚁现代形式与黄蜂共同祖先的（中间）缺失环节——原始蚂蚁，终于被发现了。构成这一连接的原始蚂蚁的化石样本，为我们在早先根据进化理论做的某些预测提供了证据，也为我们带来了一些惊喜。在获得这一发现之前，我们经历的几乎全是挫折。这个化石证据结束了始新世（约 6 000 万年到 4 000 万年前）的封冻期，而在这以前发现的始新世的岩石和琥珀片段并未提供什么线索。能为蚁学家所利用的最早期的始新世化石样本很少，而且很显然属于现代类群，即它们在解剖学上与现存类群没有太大不同，所以对于蚂蚁是如何出现的未能提供任何线索。

我们已经知道，到渐新世（即 4 000 万年到 2 500 万年前）时，蚂蚁已扩散到世界广大地区而成为昆虫界最为丰富的类群之一。数以千计的、保存完好的美丽化石样本，已在北欧波罗的海的琥珀中被发现，这就是透明的如同宝石的化石"树脂"。在很久以前，当树脂从受伤的树中流出和滴下时，它包住了反映物种多样性的不同类群的昆虫，并迅速保存了其中的许多类群。如今，通过切割和磨光琥珀碎片，我们就有可能在显微细节上，研究这些古生物的类群。这些古蚂蚁就像从当今生活的蚂蚁中能看到一切一样，外骨骼，即身体的外壳，甚至无须解剖就可看到，它们往

往丝毫无损地在化石中保存着；牙齿、毛发和身躯蚀刻的精细结构，仍可通过透明的琥珀样本进行测量，且精度可达 0.01 毫米。必须补充的是，这些样本看起来是完整的身体，但事实上几乎全是一个用碳质膜封装起来的枯萎体腔而给人以完整保存的错觉。然而，对这些枯萎体腔的仔细研究表明，生活在欧洲渐新世森林区的所有物种现都已绝灭；但在这些物种中，有 60% 的"属"至今仍有成活的物种。

因此，到渐新世，具有明显外部特征的现代蚂蚁已经进入了全盛期。在 1966 年以前，虽然蚁学家对波罗的海琥珀和若干其他古代动物群已经有了清晰的构想，然而他们对蚂蚁家系树的根和茎却毫无概念。特创论者，在与生物进化论的论战中，注意到了这一缺失。他们认为，蚂蚁就是通过单一的特创活动把一个类群带到地球上的一个例子。我们这些重建蚂蚁进化史的人却不相信特创论者的解释。我们猜想，最早的物种实属罕见，含有它们的化石层也开发得不够，但迟早有一天总有少数样本可以被发现。我们相信，上述的缺失还存于始新世早期的沉积物中，距今可能已经有 6 000 万年，或者还可回推到中生代。原始蚂蚁还可能螫了一只偶然相遇的恐龙！

"上述的关键化石样本已经在亚马孙河的源头区被发现了！这是一位勇敢的研究生，他虽经历疟疾的摧残和体力的耗损，但仍然划着被损裂的箭杆弄破了的独木舟，奋力顺流而下，直奔至一个遥远的传教村发现的。在他前往巴西马瑙斯治病和休息之前，他把这一化石样本邮寄给了哈佛大学的有关研究组，并期待着欣喜的研究组发给他的祝贺。"要是有上述报道该多好啊！然而实际情况却是，原始蚂蚁早已由艾德蒙·弗雷夫妇发现，夫妇二人生活在新泽西州山腰地区，并且已经退休。他们是在克利夫伍德海湾（恰好在纽瓦克南部）的悬崖底部发现原始蚂蚁的。弗雷夫妇将含有两只工蚁的一个琥珀碎片寄给了普林斯顿大学的唐纳德·贝尔德（Donald Baird）。贝尔德认识到该标本的科学价值，就转寄给了哈佛大学的弗兰克·卡彭特，他是昆虫古生物学的世界权威爱德华·威尔逊的老师。

卡彭特打电话给威尔逊，而威尔逊就在比卡彭特高两层的哈佛大学生物实验室内。

"原始蚂蚁在我这儿。"卡彭特说。

"我马上就下来！"威尔逊回答道，激动得肾上腺素在飙升。

威尔逊跑下楼，进入卡彭特办公室，拿起标本并抚摸着它，但标本不幸掉到了地板上而摔成了两半。幸运的是，含有蚂蚁的部分未受损。这两部分都是由清晰的、浅金黄色基质组成的。把这两部分磨光时，都显现了保存完整且美丽的蚂蚁图像，仿佛它们就在几天前才被包埋的。

这块蚂蚁琥珀是 9 000 万年前（约在白垩纪中期）生长在克利夫伍德海滩地区的红杉树的化石树脂，当时恐龙是占优势的大型陆生脊椎动物。红杉木倒下处的沉积物是一片薄层浅色沙地，致使红杉木变成黑褐色煤块。散布在一大块一大块黑褐色煤块上的，是大量的红杉树脂的黄色细颗粒。这样的黑褐色煤块，在白垩纪琥珀中通常都能找到。但是，在克利弗伍德海滩出现一大片这样的黑褐色煤块却是偶然的，而其中还含有昆虫的遗迹更是意料之外的。一场暴雨冲掉了部分岩石峭壁而使更多的化石木块暴露出来。雨后不久，弗雷夫妇沿着海滩漫步，他们想着在这里可能会找到琥珀，果不其然他们就幸运地又偶然发现了一大片含有两只蚂蚁的大碎片！

威尔逊把化石放在显微镜下观察，从各个方面进行描述和测量。数小时后，他打电话给康奈尔大学的威廉·布朗。布朗是与威尔逊合作研究蚂蚁分类学的专家，多年来他们有一个共同的梦想，那就是找到中生代蚂蚁，这样他们就有可能借此得知缺失的黄蜂祖先的特性。两人通过对现存物种的比较，猜想古代物种"可能"具有什么性状。或者如果进化论是正确的，古代物种"应当"具有什么性状。威尔逊指出，蚂蚁的确像人们期望的那样原始。人们在不同的现代蚂蚁或黄蜂中发现它们在解剖特性上都具有镶嵌性^①，而有的又是这两类群间的中间型。对原始蚂蚁的研究分析是令人惊奇的：短颚只有两个牙齿，像黄蜂；呈现了类似泡状物覆盖的后胸侧板腺，即位于胸部或身体中部的分泌器官，这是现代蚂蚁具有而黄蜂不具有的器官；长有触角的第一体节延长且呈肘形弯曲为蚂蚁的特征，然而这里的中生代化石却是在一定程度上介于现代蚂蚁和黄蜂之间的中间型；剩下的触角外侧部分，长而柔韧，像黄蜂；具有明显的盾板和小盾片（这两部分形成身体的中间部分）的胸，也是黄蜂的性状；腰像蚂蚁，然而这只是蚂蚁的简单形式，仿佛是近期进化的形式。

　　关于新泽西州琥珀中的这两只蚂蚁长约 5 毫米，尽管它们具有黄蜂和蚂蚁的混合特征，但我们还是暂且称其为蚂蚁。我们给它们的学名是弗氏蚁（*Sphecomyrma freyi*），其属名"sphecomyrma"意为"类黄蜂蚁"（即为类黄蜂蚁属），而种名"freyi"（即为弗氏蚁）则出于对弗雷夫妇的敬意，因为夫妇俩发现了这两只蚂蚁并很快慷慨地将之捐献给了科学研究机构。在研究弗氏蚁梦幻般的

---

① 即在一个个体上既具有蚂蚁特性又具有黄蜂特性，二者镶嵌在一个个体内。——译者注

时刻，我们注意到它们具有发育良好的螯刺，这使我们联想到，成群的弗氏工蚁正在袭击经过其巢的小恐龙。

昆虫学家花了100多年研究来自世界各地的化石，目的是要找到最早出现的中生代蚂蚁。后来，骤然间发现了越来越多的化石。俄罗斯的古生物学家们在研究古代昆虫群方面最为活跃，他们从前苏联的三个地区发现了白垩纪沉积物中的样本：一是马加丹（位于鄂霍次克海湾的西伯利亚东北部），二是泰梅尔半岛（位于中西伯利亚最北端），三是哈萨克斯坦（位于前苏联的最南端）。几乎在上述发现的同时，加拿大昆虫学家在阿尔伯达省也发现了白垩纪琥珀的两个样本。把所有这些样本集中在一起时，它们勾画出一幅古代蚂蚁集群的图像，很显然其中一些是工蚁，一些是蚁后，还有一些是雄蚁。

在这些与恐龙结伴而生的蚂蚁间并不存在变异。这些蚂蚁可归于一个属（但还可讨论），即类黄蜂蚁属，与构成现代蚂蚁群的数以千计的蚂蚁物种和300多个蚂蚁属极为不同。类黄蜂蚁属的蚂蚁也极为罕见，在白垩纪沉积物中，约占昆虫的1%——与后来的繁荣期形成鲜明的对比，繁荣期的蚂蚁是最具有丰富性和多样性的昆虫之一。新近发现化石所呈现的图像，是在整个劳亚古大陆，即古代超级大陆，包括今天的欧洲、亚洲和北美洲发现的少数几个稀有物种之一。这片古大陆的连续性，允许物种的扩散要比今天容易得多。当时蚂蚁生活的地区可能是从温带到亚热带，远至南极地区，即南部的超级大陆——冈瓦纳大陆，包括当今的非洲、南美洲、澳大利亚、印度、南亚部分地区和南极洲，蚂蚁的进化可能有不同的方向。巴西古生物学家最近在赛阿拉州东部的圣安娜-杜卡里里的白垩纪岩石沉积物中发现了一个样本。该样本距今约有 1.12 亿年到 1 亿年，它不属于类黄蜂蚁属，非常接近于现存的澳大利亚犬蚁。根据 1991 年罗伯托·布兰当（C. Roberto Brandão，曾是霍尔多布勒和威尔逊实验室的学生）的描述，其学名为双柄卡蜜蚁（*Cariridris bipetiolata*）。

现在我们把话题转到澳大利亚。大约在发现类黄蜂蚁属的弗氏蚁的同时，另一类型的研究不是针对已绝灭的物种，而是最原始的活蚂蚁物种。显然，昆虫学家从化石中能了解到许多关于最早期蚂蚁的解剖学进化过程，甚至还可了解到不同职别的蚂蚁是如何进化的。但是，要把蚂蚁社会行为的历史贯穿在一起，还得研究它们的生活形式。世世代代的昆虫学家一直梦想着，在某处有一种成活物种仍然保持着最原始的集群组织的行为形式，换言之，仍然存在着表现这种行为的活化石。他们的希望主要寄托在澳大利亚，这里是形成其他古代生命的家园，诸如产卵的哺乳动物——鸭嘴兽和针鼹。

20 世纪 70 年代，这一梦想实现了。要找的蚂蚁就是大眼似真蚁（*Nothomyrmecia macrops*），即具有突出的眼睛和长上颚（形如裁缝的大剪刀那两片锯齿形刀片）的黄色大蚂蚁。在过去 30 多年间，在科学上人们是通过博物馆的两个标本认识该物种的，除此之外一无所知。大眼似真蚁的解剖结构，外观有点像黄蜂，具有简单结构的腰和一对对称的长有细牙的上颚，很是迷人。但是要再发现这一物种并研究其生活集群，是非常困难和让研究人员备感挫折的。

这种困难和挫折还得从 1931 年 11 月 7 日说起。这天，一小群旅游者乘坐马车从巴拉多尼亚驻地、澳大利亚西部的一个牧羊场出发，目的是花一个多月的时间途经渺无人烟的桉树丛林和沙漠荒原到南澳大利亚观光。他们经过拉吉德（位于大澳大利亚湾西端的一座花岗岩小山丘）后到达一个废弃的托马斯河农场，行程为 117 千米。然后，他们西行，途经沙漠荒原到达海滨小镇埃斯佩兰斯，行程 113 千米。这些旅游者，穿越澳大利亚这块独特的荒无人烟的地区，主要是为了娱乐。其实，旅游者途经的荒原，也是世界上植物资源最丰富的地区之一，那里具有大量的、至今在其他地区尚未有发现的灌木林和草本植物，因此对生物学家来说具有极大的吸引力。有人请这一小群旅游者中的几个人沿途采集一些昆虫。旅行者把采集来的昆虫放入酒精瓶里，又把酒精瓶拴在马鞍上，但没有记录采集的地点。这些样本，其中包括大黄蚁的两只工蚁的样本，后来转给了生活在巴拉多尼亚的 A. E. 克罗克夫人（Mrs. A. E. Crocker），她是一位画家，经常画采集来的样本。最终，她把这些昆虫样本转给了墨尔本的维多利亚国家博物馆，而这两只工蚁在 1934 年由蚁学家约翰·克拉克（John Clark）归为新属和新种似真蚁属和大眼似真蚁，即前述的学名 *Nothomyrmecia macrops*。

威廉·布朗是蚁学的老前辈，他是认识到大眼似真蚁在进化史上具有重要意义的第一人。他于 1951 年 11 月出发，沿着 1931 年旅游者途经的部分路线，即沿着埃斯佩兰斯东部的托马斯河的路线，目的是采集更多的样本。但由于没有掌握当时采集的具体地点，也没有掌握我们即将知道的大眼似真蚁在生物学上的特有规律，他失败了。在 1955 年 1 月，威尔逊做了第二次尝试，同行的有卡里尔·哈斯金斯（Caryl P. Haskins，当时为华盛顿卡内基研究所所长和热心的蚁类生物学学者）和文森特·塞尔文蒂（Vincent Serventy，著名的澳大利亚博物学家）。他们沿着上述 1931 年的路线乘车从埃斯佩兰斯出发，途中仔细搜索了托马河驻地的拉古德山北部沙漠荒原的主要生境。如此日夜兼程地搜索了一个星期，但他们还是没有找到大眼似真蚁。

到此，这一"缺失环"的蚂蚁在澳大利亚和海外昆虫学界都是出了名的，就像一种既对人类无害又对作物无害的昆虫那样出名。澳大利亚其他的昆虫学家和博物学家，还怀着为国争光的信念，想领先于美国去重新发现并研究处于生活状态下的大眼似真蚁。所有这些努力失败后，研究者们开始怀疑：可能原来发现该蚂蚁的地点记录错了；或者，像澳大利亚动物群和植物群中其他许多珍稀生物那样，它已经绝灭了。

与科学上的通常发展道路一样，重新发现大眼似真蚁也完全是出乎意料的。大眼似真蚁是澳大利亚人罗伯特·泰勒（Robert Taylor）发现的，这多少宽慰了澳大利亚昆虫学家们。在 20 世纪 60 年代初期，泰勒在威尔逊的指导下完成了在哈佛大学的哲学博士的学习后，加入了位于首都堪培拉的澳大利亚联邦科学和工业研究组织的昆虫学部。在这一岗位上，他把发现这种神秘蚂蚁作为自己的志向。

1977 年 10 月（在澳大利亚为春天），泰勒率领一支考察队乘车从堪培拉向西行，穿越澳大利亚南部。考察队计划乘车沿着埃尔高速公路，横跨荒凉的纳勒博平原直至拉古德山-埃斯佩兰斯地区，行程约 1 600 多千米，其目的只有一个，寻找大眼似真蚁。在得知威廉·布朗在这方面的工作具有"不成功便成仁"的决心后，他们更具有紧迫感。从阿德莱德出发行进 560 多千米后，车出了故障，考察队被迫留在一个名叫普切拉的小村中。这个小村被桉树环绕，这种多分枝的桉树丛林覆盖着澳大利亚南部的大部分半沙漠地区。当晚气温降到 10℃，昆虫学家们穿着保暖的衣服争论着当晚是否出去采集昆虫。对昆虫来说，这样的温度似乎太低了，更不用说，要昆虫飞行了。无论怎样，大家都假定大眼似真蚁应还在离住地 1 600 多千米以外的西部，要超出横跨（澳大利亚南部）大陆一半的距离。

泰勒是一个总在思考着蚂蚁的好问且健谈的科学家。他在那天晚上仍没闲着。他带着手电筒冒险进入桉树丛林，尽管天气寒冷，但他仍期望着某些物种的工蚁或其他什么昆虫还在活动。不一会他便跑回住地并，以最典型的澳大利亚风格大喊道："这个凶残的王八蛋在这儿！我已经抓到似真凶残蚁（*Notho*-bloody-*myrmecia*）了！"

他发现的是只大眼似真蚁的工蚁，它当时趴在一根树干上，离考察队住地仅 20 步远。这类蚂蚁的秘密竟是通过这一偶然机会揭开的。由于属于似真蚁属（*Nothomymecia*）的大眼似真蚁既罕见分布范围又很窄，所以国际保护自然和自然资源联合会（IUCN）的红色数据书，已将它列为濒危物种。它也是一种耐低温蚂蚁，是在其他蚂蚁不活动甚至连几乎所有的蚁学家都在室内取暖时外出活动的少数物种之一。

在以后的几年里，研究者纷纷下榻普切拉小村，把这个小村抬高到具有国际知名度的地位（至少对昆虫学家是这样）。世界上大多数的蚁学家都在那里的小旅店住过。只要把大眼似真蚁的一只蚂蚁放进采集瓶，那么该蚂蚁的巴拉多尼亚群体就不会被遗忘，该物种仍能存活 60 年；但是，再致力去发现它，甚至在寒冷季节研究者们也失败了。在荒原桉树丛林区或在托马斯河边的千层林区，仍有可能发现更多的集群。与此同时，在普切拉的野外研究已相当详尽，而一些集群已移至实验室以做精细的分析。实际上，该物种的生活周期和普通生物学的诸多方面都已被研究过了，是蚂蚁所有物种中被人们了解得最清楚的物种之一。

有关这个物种，现把我们至今所知道的总结如下：如期所料它的社会组织很简单，特别是蚁后在外观上很像工蚁；没有工蚁的副职别，如没有专门保卫蚁巢的兵蚁，每一工蚁都执行同一任务；集群小，绝不会超过100只成体；蚁后下的卵单个地散落在巢板上，而不像大多数高等蚂蚁那样呈堆状；与黄蜂一样，工蚁采集两类食物——花蜜留给自己吃，捕猎回来的昆虫主要供幼虫吃。

成体的大眼似真蚁之间很少接触。它们不会相互反哺食物，而多数高等蚂蚁会相互反哺。在其他蚁群，正常时蚁后是被照顾的中心，而大眼似真蚁的蚁后往往被忽视。工蚁单独觅食，且在巢外发现食物时也是独自将之带回巢，而不会招募巢伴帮忙。它们攻击并刺死苍蝇、半翅目昆虫，并把许多其他昆虫当作猎物。就目前所知，大眼似真蚁的工蚁只有两种形式的化学通信：当发现敌对者时，向巢体发出警报；通过其共有的身体气味与异己蚁区分开来。

这一稀古蚁的蚁巢是通过在泥土中挖出一些简单的小室再由隧道连接而成的。其生活周期也显现出一般化或不够特化的性能。处女蚁后离巢进行交配，然后自己挖巢，再像黄蜂那样，离巢外出觅食。与纸黄蜂和其他原始社会性黄蜂一样，一些年轻的大眼似真蚁的蚁后有时也会合作共挖一个巢和产下第一批工蚁。但是之后，一只蚁后统治着其他蚁后——经常骑在其他蚁后身上，最终第一批工蚁把其他蚁后拖出巢外。因此，普切拉发现的集群，被挖出来时多数都已建好了巢，就只有一个母蚁后了。工蚁喜好低温是一奇特性状，可解释其对澳大利亚气候的适应性。

大眼似真蚁与中生代第一批蚂蚁的集群组织具有一致的简单性，所以我们有理由认为它们处于同一进化水平。它们具有较高级蚁种的少数内在习性，其中包括修饰其巢伴身体的倾向。但是在多数情况下，它们的行为接近于我们所期望的独居黄蜂的行为，只是具有了姐妹合作、解剖结构上改变了少许而成了第一批（原始）蚂蚁。看来，蚂蚁社会的形成来自中生代独居黄蜂的集聚，它们在土中筑巢和猎捕昆虫喂其幼虫，这正是当今许多独居黄蜂所做的。蚂蚁在进化过程中最为关键的第一步是，母蚁后在其年轻的女儿们成为成体前，要与女儿们生活在一起。为了使集群得以生存，以后这些女儿们所需要做的就是：放弃自己的生殖权，帮助母亲抚养更多的妹妹。

具有原始解剖结构的另外两个蚁种，已知也具有相似的基本社会习性。它们是：囊腹蚁属的澳洲喇叭狗蚁（bulldog ant），与大眼似真蚁相似；澳洲钝猛蚁（*Amblyopone*）是在进化上很特别的一个类群，分布于全球，在澳大利亚最为丰富和多样。在弗氏蚁被发现之前，澳洲喇叭狗蚁是"原始"蚂蚁社会组织的范例，我们现在知道，实质上它的行为要比大眼似真蚁高级。

我们的猜想是：至今发现的在解剖结构上与黄蜂最为相似的蚂蚁，即弗氏蚂蚁，其行为极像大眼似真蚁和现存的原始蚂蚁。但我们还没有定论。因为现在我们在独居蚂蚁（具有蚁后的基本解剖结构，但单独生活或没有工蚁的小类群生活）中还未发现过，这样一来我们就不可能成功挖掘到关于社会进化更深层次的根。然而，除了极少数例外，科学上总有这种可能性，我们相信，我们和其他昆虫学家拼接起来的上述故事，应与1亿多年前实际发生的事件接近。

　　织叶蚁一个成熟集群有一只母蚁后和超过 50 万只工蚁。这里显示的部分是有一只母蚁后，正在被数只大工蚁不断地喂食，工蚁也觅食、筑巢、保卫巢和照顾大幼虫。前面的一群小工蚁在执行其基本任务之一：照看卵和小幼虫。(由蒂丽德·福塞斯画图)

　　蚂蚁中的群居转移是招募巢伴到新巢址的普遍方式。如果这一运输蚁"满意"的话，也可返回旧巢并把巢伴带回自己的新巢。这里显示的是澳大利亚木工蚁。

非洲织叶蚁（上图）和南美洲热带粗外刺猛蚁（*Ectatomma ruidum*）（下图）的群居转移。

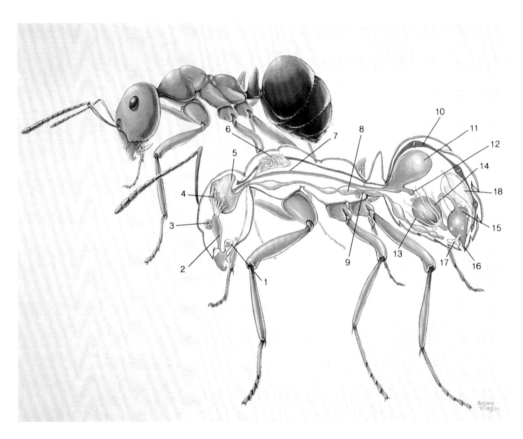

蚂蚁是外分泌腺的步行电池，外分泌腺能产生一定的分泌物和化学通信信号。上图为蚂蚁内部解剖的一部分，显示了一只蚂蚁的腺体系统。蓝色表示脑和神经系统，淡红色是消化系统，红色是心脏，黄色是腺体和有关结构：（1）上颚腺，（2）咽，（3）前咽腺，（4）后咽腺，（5）脑，（6）唇腺，（7）食管，（8）神经系统，（9）后胸侧板腺，（10）心脏，（11）嗉囊，（12）前胃，（13）马氏囊，（14）中肠，（15）直肠，（16）肛门，（17）杜氏腺，（18）毒腺和储存囊。（由凯瑟琳·布朗-温画图）

右页图注：

美国西南部拟囊腹蚁的巢。趴在靠近巢顶部的是大工蚁，其嗉囊基本由液体食物充满。在食物短缺时，它们会把部分液体食物反哺给巢伴；在图底部有 2 只工蚁在进行这样的反哺。越过一堆茧和幼蚁可看到蚁后。（由约翰·道森画图，感谢美国国家地理学会）

J Dawson

　　拟囊腹蚁领域之争的炫耀式比武。来自两相邻集群的工蚁彼此以仪式化炫耀的方式在进行战斗；在这期间，它们抬起头和腹部，其足则以踩高跷方式抬高行走，这些动作都是为了吓唬对方。（由约翰·道森画图，感谢美国国家地理学会）

　　在领域之争的炫耀式比武期间，来自拟囊腹蚁集群的工蚁正面相遇，然后试图把对方挤压到一侧（上图）；它们也试图站得更高（下图）。在这样的比武期间，参战的蚂蚁显然能评估其敌对者的强弱，这是在炫耀式比武和偶发的战争中取得胜利的重要因素。

拟囊腹蜜蚁两集群间领域之争的炫耀式比武，偶尔能退出而转入战斗，在战斗期间较强的集群要杀死较弱集群的蚁后，劫走较弱集群的茧（上图），绑架较弱集群的贮蜜蚁（下图）。

　　在战斗期间，获胜方的拟囊腹蜜蚁有时会遭到另一物种的抢劫。图中是获胜方的一只饱食的工蚁，遭到了另一物种——霜傅勒臭蚁数只工蚁的劫持。尽管这另一物种的数量不及原获胜方，但其凭借成员的战斗力和化学喷雾液能够击败原获胜方。

霜傅勒臭蚁的战斗者利用其化学喷雾液正在驱赶返回自家巢的拟囊腹蜜蚁。这种喷雾液是一类催泪性毒气，由腹尖部的尾节腺喷出。

在阿里索纳沙漠，二色锥蚁（*Conomyrma bicolor*）的工蚁，通过把小卵石抛入墨西哥囊腹蚁（*Myrmecocystus mexicanus*）巢的入口，以抑制其外出觅食。（由凯瑟琳·布朗-温画图）

　　掠夺战——上图：在阿里索纳沙漠用蓝色点标记的拟囊腹蚁掠夺收获蚁觅食者捕获的猎物——白蚁。掠夺者往往在收获蚁巢的入口处等候。下图：当拟囊腹蚁受到反击时，迅速地逃开，然后又绕圈返回而隐藏在巢入口处。

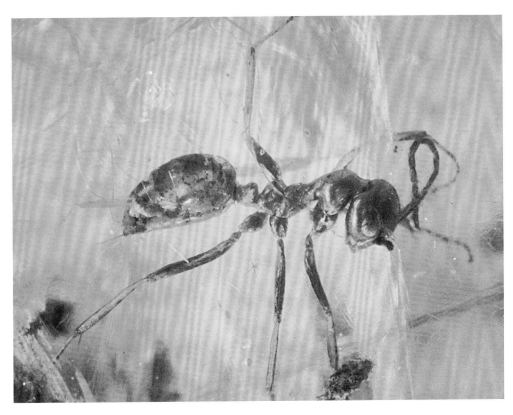

　　属于黄蜂蚁亚科（*Sphecomyrminae*）的一只工蚁，它是最古老最原始的一类蚂蚁。这只工蚁，首先定名为弗氏蚁（*Sphecomyrma freyi*）并归入黄蜂蚁亚科，是在新泽西州的红杉琥珀中发现的，时期为晚白垩世后期，距今约 8 000 万年。（由弗兰克·卡彭特拍摄）

原始的澳大利亚蚁——大眼似真蚁的部分集群，其蚁后在巢前端，也示有工蚁、幼虫、茧和具翅雄蚁。（图片由澳大利亚堪培拉的澳大利亚联邦科学和工业研究组昆虫学部的罗伯特·泰勒拍摄。）

对开页图注：

上图中，大眼似真蚁的一只工蚁携有一只被捕获的黄蜂返回其巢。这一照片是在澳大利亚中南部靠近普彻拉拍摄的，是世界上至今为止发现该原始蚂蚁的唯一地址。下图，显示了这种原始蚂蚁的生境。

　　除了大眼似真蚁之外，在系统发育上推断是原始蚂蚁的还有两个物种：一个是喇叭狗蚁（上图），一个是澳洲钝猛蚁（下图）。

第七章 冲突和权力

1950 年，威尔逊 20 岁，是亚拉巴马大学的学生，他在研究火蚁时注意到了一个重要问题：从南美引入的在美国最南部得到广泛传播的一个蚂蚁物种有两种体色：红色和深褐色。我们现在已经知道，这两种形式的体色实际上完全是两个物种的特征性状：红色物种应正确称为外引红火蚁，深褐色物种应正确称为外引黑火蚁（Solenopsis richteri）。这两个物种只限于在美国南部进行有限的自然杂交。它们不仅可通过身体颜色（体色），还可通过解剖学和生物化学这些性状的特定组合区分开来。1950 年该研究早期阶段的重点是要确定：上述体色的差异是基于基因引起的呢，还是仅仅基于不同的生活环境引起的。

与果蝇一样，火蚁在实验室条件下不易繁殖，这两体色蚂蚁的交配条件非常严格，生活周期长且复杂。但是，基因对环境的影响可间接地进行检验——为了研究体色基因的存在，威尔逊通过安排深褐色工蚁侍候年轻的红色蚁后，或让红色工蚁侍候年轻的深褐色蚁后，观察下一代（子代）的体色是否与（侍候其母亲的）工蚁体色相匹配。如果这种匹配没有发生，并且如果在实验巢内其他所有条件都与对照的两集群巢相同[1]，那么对体色来说，

---

[1]　即对于蚁后和工蚁，一个集群全为红色，而另一集群全为深褐色。——译者注

就可排除环境假说，而接受遗传假说。

上述不同体色的蚂蚁相互继养被证明是可行的。[①]威尔逊发现，如果他首先移走（如红色）母蚁后，然后把工蚁置于冷处致使它们不能活动后，再把异体色（如深褐色）母蚁后移过来。当这些受冷的工蚁放在暖处重新活跃时，它们就可接受这个外来的蚁后，并可喂养外来蚁后所生的后代。

在继养试验中，子代的颜色与其母后的相同，因此关于体色的遗传假说成立。这样的试验，虽不能绝对地证明有关控制体色基因的存在，但至少得到了强有力的支持。但在后续实验中，奇怪的事情发生了。威尔逊决定用他的继养技术做类似的试验：引入5只（而不是1只）蚁后，又会发生什么情况。结果如期所料，都成功了，但这种成功很短暂。一两天后，工蚁开始杀害多余的蚁后，使蚁后的足张开并用螯刺死蚁后，只让一只蚁后成活。然后这只成活蚁后一直在巢内生活并得到工蚁的侍候。工蚁绝不会愚蠢到把最后一只蚁后也杀死，否则整个集群就灭亡了。

火蚁继养研究首次指出：在蚂蚁集群内部，甚至在具有高度组织物种的集群内部，并非全部处于和平或和谐状态。在多蚁后的集群中，蚁后们在生与死的竞争中总得以某种方式取得工蚁们的宠爱才有可能生存。随着多年研究的积累，更多的证据揭示，蚂蚁巢伴间的冲突和控制广泛存在。甚至更有趣的是，在同胞姐妹间的冲突也不只限于因小事的争吵。在许多物种中，这种竞争在进化期间就已经仪式化，在集群生命周期的调节中起着突出作用。

霍尔多布勒及其学生斯蒂芬·巴茨（Stephen Bartz）在对拟囊

---

① 这里指红蚁后给深褐色工蚁喂养照料，反之亦然。——译者注

腹蚁集群的精心研究中所揭示的上述竞争关系，是一个突出的例子。拟囊腹蚁是一种大型蜜蚁，在亚利桑那州和新墨西哥的沙漠地区广泛存在，这里成了霍尔多布勒研究该物种集群战争和"外交手段"的基地。每年7月的夏季，在第一场大雨把硬地变松软而无积水时，蚁后和雄蚁从巢中大量涌出进行婚飞。蚁后在受精后落到地面，脱落其翅，挖掘洞穴开始建立自己的集群。当霍尔多布勒用一个小铲子挖开这些集群的奠基巢时，多数集群的巢内都不只有一只蚁后。

截至20世纪70年代末，我们就已经知道有多种蚂蚁在奠基巢期间有多只蚁后的联盟现象。蚁学家甚至为该现象取了一个专用术语——多蚁后。但这种联盟是短暂的，在一个较老的集群中永远或至少长期存在这种联盟，也就是说多雌联盟是极为罕见的。打破这种联盟的方式或是工蚁消灭过多的蚁后（这是上述火蚁所发生的过程）；或是蚁后间竞争，有时会得到支持一方或另一方工蚁的助阵。

乍看起来，上述整个过程，从达尔文意义上说并非是好的选择。一只蚁后明知极有可能被杀，为什么还要与其他蚁后联盟合作？20世纪60年代和70年代的其他研究揭示，一个关键利益是，多个蚁后在较短的时期内可比一个蚁后产下更多的工蚁。因此在最需要工蚁的时期，由多个蚁后建立的集群就能得到快速发展。集群发展后，一些蚁后离开母巢自找生路时，就能更快地抵御敌对者和更有效地建立自己的领地。对一只加入联盟的蚁后来说，这种有利性显然大于早期被杀的危险性。

沃尔特·琴克尔（Walter Tschinkel）是佛罗里达州立大学的一名研究员，他发现在火蚁集群间的战争中，有支较大的作战部队是决定胜利的因素，而这种大规模的战争具有频发性且是高强度的，不能抵御其邻近集群的年轻集群会很快消亡。巴茨和霍尔多布勒在独立研究蜜蚁时，都发现了同一现象。当工蚁首先出现在沙漠地面上时，它们就开始攻击能看到的邻近的其他始建集群。如果取胜，它们就把邻近集群的幼虫等运回自己的巢。因此，在第一次对抗中就赢得胜利的蚁群会立刻拥有更强的力量，相对于其他没有突袭成功的蚁群更具优势。一个集群的胜利一个接着一个，直至邻近所有巢的幼虫等都归于一巢为止。在这个过程中，战败方工蚁往往会抛弃它们的母亲，抱着"好死不如赖活着"的"心态"投靠战胜方。巴茨和霍尔多布勒在实验室建立了多达 23 个具有多个集群的聚合群。他们发现，一个聚合群的胜方总是具有多个蚁后的集群；其中的 19 个聚合群都是含有最多蚁后的集群取胜。

一旦一个蜜蚁集群获得的工蚁数足以战胜相邻的集群，一场新的斗争，也就是集群内蚁后间的斗争就开始了。在典型的交战中，一只蚁后站立在其对手的上方，偶尔会踩在对手身上且把其头按下，居下风者低低地蹲伏着而处于静息状态。总是屈服于其他蚁后的蚁后，最终会被工蚁从巢中驱走，其中的驱赶者还可能是被驱赶者的亲生女儿。

为了生育权的权力斗争也发生在较老的、成熟的蚁后中。于尔根·海因策（Jürgen Heinze，霍尔多布勒在维尔茨堡的同事）在细胸蚁属（*Leptothorax*）的若干物种中发现了这一现象：蚁后间的权力仪式导致了在功能上一妻制的建立——在一妻制中，只有处于社会等级的最高级的蚁后才有生育权。巴西昆虫学家保罗·奥利韦拉（Paulo Oliveira）及其同事发现，这种仪式在热带美洲的裂颚大齿猛蚁（*Odontomachus chelifer*）中经常发生，集群中有几只产卵蚁后共同生活，当处于劣势等级的蚁后受到较高等级的蚁后挑战时，它就蹲伏着，且闭合其一对强有力的上颚并收回其触角；如果它试图抬头，较高等级的蚁后就抓住它的头；如果它奋力试图脱身而逃，较高等级的蚁后就会把它举离地面；最后，它通过把其足收缩在身体下方呈"蛹姿"来宣布投降，任其他蚂蚁把它带到其他地点。

某些蚂蚁物种的蚁后，会利用比上述更为巧妙的方法控制其他蚁后。它们并不以搏斗方式挑战对方，而是把对方产的卵从卵堆里拉出来吃掉。把对手的卵数量最大程度地破坏，而使自己的卵数量破坏较少的蚁后就是胜利者，至少以达尔文的标准是这样：在后代中，获胜蚁后的女儿在工蚁和未来蚁后中所占的比例最大。

其他一些蚂蚁物种的初始巢^①内的蚁后，对其他蚁后的控制则更为精细。它们产生抑制信息素（一些化学物质），能抑制处女蚁后和工蚁的卵巢产卵。例如，如果拿走织叶蚁的蚁后，某些工蚁就会开始产卵。但如果织叶蚁的蚁后死了而其尸体仍留在巢内，它仍能排出信息素，这些工蚁就会变得不可育。

昆虫学家对集群组织研究得越细，所揭示的冲突就越广泛也越复杂，当密切注意到各特定个体间的关系时，就好像人们刚入住一个表面上和平的城市，入住后才逐渐体会到这原是一个充满家庭争吵、偷盗、街道抢劫甚至谋杀的城市。权力斗争甚至发生在同一集群的工蚁中，美国昆虫学家 B.科尔首先证明了这一现象。为了能单个地进行跟踪，他逐一标记佛罗里达的阿氏细胸蚁（*Leptothorax allardycei*）的工蚁。他观察到，当母蚁后移走后，工

---

① 即上述的初建集群的巢。——译者注

美洲热带食肉蚁——
裂颚大齿猛蚁在同一巢内
各蚁后间争夺权力的行为。
上图，具权力蚁后张开上
颚进行威胁，而它的姐姐
或妹妹则蹲伏着以示投降。
中图，具权力的蚁后抓住
级别低的蚁后的头。下图，
前者举起后者离开地面。
这时，级别低的姐姐或妹
妹把其足缩成尚未完全发
育的蛹状足以示投降。（由
凯瑟琳·布朗-温画图）

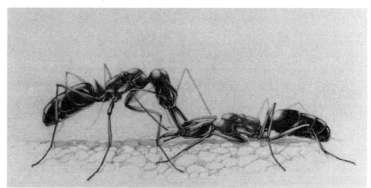

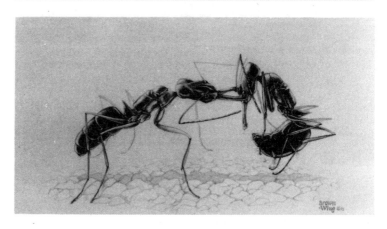

蚁间的冲突达到了顶峰。他估计，在无蚁后集群中最有竞争力的工蚁，花在相互威胁和争斗的时间，要比它们花在照料幼虫的时间更长。阿氏细胸蚁的工蚁能如此自我服务，甚至有蚁后存在时，最有权力的工蚁个体还能产下占比为 20% 的卵。这些卵都是未受精卵，所以注定（假设全能成活）只能产生雄蚁[①]。高级别的工蚁也习惯地接受更多的食物，这可使它们发育出充满卵的大卵巢。

在许多猛猎蚁中，冲突几乎已经仪式化了。由于它们生活在遥远的热带地区，所以只是在近期才被研究。克里斯汀·佩特斯（Christian Peeters）是一位在巴黎从事研究的蚁学家，他的大部分研究都集中在影响猛猎蚁繁殖的仪式化冲突和其他行为上。他与日本同事生子东（Seigo Higashi）一起，在研究生活在澳大利亚的物种——澳洲双刺猛蚁（*Diacamma australe*）时，发现了一个最让人感到惊奇的事例。这些大型的、行走如飞的蚂蚁没有蚁后，所有雌蚁（在解剖学上为工蚁）产的卵，其幼虫在茧中呈现出具有微小的、如同芽状的残翅，称为胞芽；当胞芽出现时，最具权力的工蚁把非自己子代的胞芽都咬掉，这种做法可使子代发育成卵巢发育不全的工蚁。最具权力的工蚁利用这种方式从多方面抑制了其巢伴的卵巢发育，使后者只能处于工蚁状态。只有这只最具权力的工蚁才能与雄蚁交配，因此也只有这只最具权力的工蚁才能繁殖下一代；但是，若把发育中的胞芽，用外科手术方法除去后，由此所产生的雌蚁，就变得胆小了，就只能转化成功能上的工蚁了。

我们在上述澳洲双刺猛蚁权力系统中看到的是一种离奇的行为。克里斯汀·佩特斯和霍尔多布勒最近在印度猛蚁，舞镰猛蚁

---

① 蚂蚁雄蚁由未受精卵生成，蚁后和工蚁由受精卵生成，但最终是发育成蚁后还是工蚁，则由环境，如营养条件来决定。——译者注

（*Harpegnathos saltator*）中发现了更为离奇的行为。该物种的大集群是一个受等级支配的社会，蚂蚁的地位不固定。一个集群各成员间的相互作用与人类的政治行为，在表面上有某些相似之处。

舞镰猛蚁的新集群，显然是通过蚁后受精的普遍方式建立的。但是，当集群成长时蚁后便消失了，取而代之的是一群交配过的、具有繁殖能力的工蚁，也叫作"玩家门"（gamergate）蚁[①]。于是该蚂蚁集群的生活周期经历三个阶段：小集群（集群生长的早期阶段），由一只繁殖蚁后和少数可育工蚁组成；中集群，仍有一只繁殖蚁后，但此外还有一些交配过和未交配的工蚁；最后是大集群，具有约300只或更多的成体成员，但无蚁后，取而代之的全是交配过和没有交配过的工蚁。

作为上述生活周期的结果，舞镰猛蚁大集群的成员是由三个社会等级组成的。第一等级，在顶层是权力者，它们具有完全发育的卵巢，全都能产卵；第二等级，在底层是贞童处女，处于从属地位，其中一些肯定会上升到顶端而成为权力者，与来访的雄蚁交配而成为繁殖蚁后，但另一些仍在底层成为保姆、筑巢者和外出觅食者；第三个等级，是由交配过和没有交配过的工蚁组成，也处于从属地位，它们依次分为两类：一是不必提升身份而完成交配的工蚁，二是原来具有权力的有生殖能力的"玩家门"蚁，其权力被更有竞争力的巢伴替代了。第三等级各个体的命运，依赖于其竞争者将来的健康状况和相关行为。

这种复杂等级系统的地位是通过决斗的仪式化形式建立起来

---

① 其中的玩家门"gamergate"，是过去在欧美游戏圈中引起大讨论的一个题目，涉及一些社会问题，如女权主义的争论。这里是借喻，指不应成为蚁后的工蚁成了蚁后。——译者注

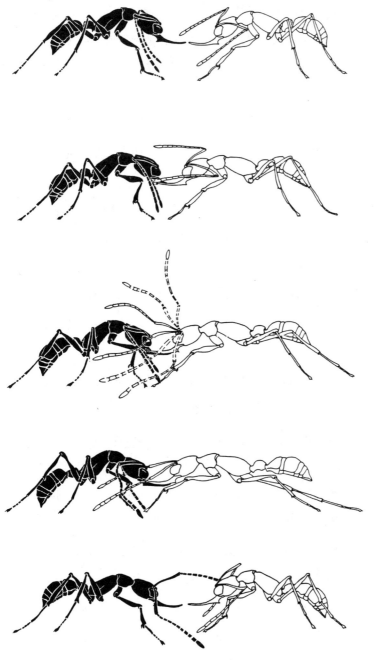

亚洲舞镰猛蚁巢伴间的仪式化决斗。这里绘出的是典型的决斗顺序（从上到下）。进攻的工蚁用其触角抽打其后退的妹妹或姐姐。这一决斗使后退者退后到其身体长度时，上述过程逆转，即被抽打者成为抽打者。

的，决斗时各工蚁以其触角作为鞭子抽打对方。开始时，第一只工蚁抽打第二只工蚁，并向前猛推而使之后退，当其后退到约一只蚂蚁身长时，整个过程就反转过来了。现在，是第二只工蚁使第一只工蚁后退，当第二只作为侵略者进攻时，它拉回每一触角的第一节靠在其头部两旁，与此同时伸出更有柔性的外节抽打第一只工蚁。每次抽打在第一只工蚁身上的力量都很强，以致被打蚂蚁抽打处的外节弯曲。

在重复这个奇特的"双人舞"24次后，两个战斗者就各自走开。这里没有什么胜利者，整个表演似乎只是在重申社会平等。但是，亚洲舞镰猛蚁有时会利用第二种战斗形式，这是一种更具决定性的战斗。这一战斗方式往往出现在低阶层的工蚁身上，旨在战胜高阶层的巢伴。被挑战的工蚁很轻视这种方式，仍继续做自己原来的事情，不过，这也可看作一个反复的"双人舞"的仪式化决斗；也可把这种仪式化决斗升级为全面的攻击，即利用其长长的上颚抓住对手并向下猛推。

舞镰猛蚁的巢伴们在相遇时的反应往往很简单，表现得既克制又有礼貌。当一只高阶层的权力蚁走近时，低阶层的会降低其身躯和缩回其触角。权力者可能会踩在巢伴的头上，同时轻轻地咬巢伴的身体作为回应，然后二者友善地分开。

舞镰猛蚁的集群生活并非总是充满冲突，也存在着表面上完全心神稳定的阶段。在这里，我们没有看到权力之争。但是，当某只工蚁从较低阶层引入较高阶层，决定要挑战其顶级阶层的成员时，还是要打破和平。这一挑战触动了顶级阶层的某个成员，它提前在具权力的工蚁中间进行疯狂的仪式化决斗，仿佛要在这期间固守其崇高的地位。同时，这些处于高阶层的工蚁也会攻击敢于来犯的较低阶层的巢伴。在这样的攻击中，这些处于高阶层的工蚁并不总会取胜，有的会降至具有交配权的第二阶层，而其原来的位置则被原来是下一阶层的工蚁取代。所以，社会是沿着赫拉克利特^①的思路前进的：外表风平浪静，内部波澜壮阔。

---

① 古希腊哲学家，约公元前 530—前 470 年。认为对立和冲突背后有某种程度的和谐，冲突使世界充满生气。"人不能两次走进同一条河流" 即是他的哲言。——译者注

第八章　协作的起源

生物学的问题基本上可分为两类：生物如何活动和生物为何活动。换句话说，生物的一个活动过程是如何通过解剖学水平和分子水平上的活动完成的？为什么某生物的进化过程是采取某一特定方式而不是别的方式？生物学家认为，他们基本上知道蚂蚁社会是如何活动的，并且知道蚂蚁社会在地球上出现的时间（1.2亿至1亿年前）。那么"为什么在这一时间会发生这一重要事件"？由祖先黄蜂的独居生活进化到蚂蚁的社会生活有什么好处？

蚂蚁集群最重要的一个特点是有工蚁职别——这一职别全部由雌蚁组成，它们心甘情愿地去满足母亲的需求，为了抚养弟弟妹妹愿意放弃自己的生育权利。它们的本性使得它们不仅放弃了生育后代的权利，甚至为了集群的利益愿意牺牲自己的生命；即使出巢觅食也是危险大于安全。研究者已发现，美国西部物种加州收获蚁（*Pogonomyrmex californicus*）在觅食时，由于会与邻近蚂蚁集群发生战斗，其死亡率达每小时6%。此外，还有一些工蚁，死于捕食者的捕猎或迷路不归。这样的死亡率是很高的，但并非最高。事实上，在北非沙漠二色箭蚁（*Cataglyphis bicolor*）的工蚁中的自杀行为，也是其命运的归宿；它们还吃昆虫尸体和其他节肢动物，是"清道夫"。瑞士昆虫学家保罗·施密德·亨佩尔（Paul Schmid Hempel）和罗杰·魏纳（Rüdiger Wehner）发现，

在任一给定时间内，约有 15% 的上述工蚁都在远离蚁巢的地方觅食，在此期间极有可能被蜘蛛和食虫虻捕获。平均说来，每一觅食工蚁只能成活一星期，但在这样短的生命周期内它们要搜集自己体重 15~20 倍的食物。

接下来我们转到生物学第二个问题：蚂蚁的表现为什么如此利他呢？首先我们考虑一个范围更大的问题：任何一类社会行为的起源问题。什么是类群生活中的达尔文利益？答案很明显。如果一个动物，在其一生中总是作为类群中的一个成员生长，且有更多的子代，那么合作会比继续独居好。证据表明，上述情况在自然界中确实普遍存在。例如，成群的鸟和象，确实比独居的鸟和象活得更长。借助类群的力量，它们能更快地发现食物，在与敌对者斗争中有更大的胜算。

对简单的动物社会来说，通过成员间的合作可使集群变得强大是最好的假说，但是其中的各成员仍然担心各自的利益。上述假说，用来解释令人惊奇的工蚁那种牺牲本质，并不尽如人意。这些无私的雌蚁（即工蚁）年纪轻轻就劳累而死，几乎不能留下自己的后代。

在动物行为研究中，蚂蚁的利他主义之谜发挥了历史性作用。一代代生物学家，都在试图通过自然选择的达尔文进化论来解释这一现象。由此，他们经常会采取复杂的解释。像我们所写的，通过血缘选择的进化是揭开这个谜的强有力理论，首先该理论由达尔文构思，血缘选择的进化观点就好比达尔文进化论的改良版。血缘选择，是在具有血缘关系个体中对某些基因的有利或不利的选择，这是通过选取个体部分基因的作用实现的。例如，假定一个家系的一个女性成员选择独身且没有孩子，但她愿意辅助她的姐妹们。如果她的这种独身牺牲，使得其姐妹们生的孩子比自己结婚生的孩子加起来还多，那么，通过自己的独身和其姐妹在血缘上共有的基因，就会有利于自然选择，也会更快地散布至家族中。一般动物（其中包括人类），平均说来，姐妹们①有一半基因在血缘上是相同的。换句话说，由于具有相同的双亲，她们有一半基因在血缘上是相同的，利他主义者必须做的就是，一个姐姐或妹妹生的孩子数要多于一个人生的2倍，以弥补她因为没有子代而在未来会丧失的基因。在本质上，这就是血缘选择。另外，如果按这一方式传播的某些基因是个体成为利他行为的基础，那么该行为性状就可成为该物种的普遍特征。

达尔文在《物种起源》中，只以很普遍的形式陈述了血缘选择这一概念，而没有计算基因的数目。达尔文对蚂蚁和其他社会昆虫有极大的兴趣。他在他的唐斯（靠近伦敦）农村住宅观察这些昆虫，在访问英国自然历史博物馆时向昆虫学家 F. 史密斯学到了更多的昆虫知识。在蚂蚁中他发现了"特殊的困难，这一困难首先对我来说似乎不可克服，并且实际上对我的整个理论是毁灭性的"。这位伟大的博物学家（达尔文）随即问道，昆虫社会的工职职别②是不育的、无后代的，那它们是如何进化来的呢？

达尔文为了拯救他的理论，引入了自然选择是作用于整个家系而不是单一个体水平的概念。他推测，如果家系的某些个体不育，而这对可育的、有血缘关系的个体的繁荣又很重要的话，就像昆虫集群那样，那么在家系水平上的选择不仅可能而且还不可避免。为了生存和繁殖，以整个家系作为选择单位，为与其他家

---

① 指全同胞姐妹，即同父同母的姐妹。——译者注
② 指工蚁、工蜂等。——译者注

系展开搏斗而产生了不育，且这种不育对其血缘个体又是一种利他（无私）行为，那么在遗传进化中就是有利的。"因此一碗美味的蔬菜就煮好了，"达尔文写道，"这蔬菜虽然作为个体死亡了，但是园艺家播下了与这蔬菜同一品种的种子，并且相信能收获同样美味的蔬菜。家畜育种家希望培育出肥瘦比例合适的家畜。一些家畜被宰杀了，但家畜育种家相信同样品种的家系仍存。"所以，不育的工蚁既可通过集群而生，又可通过集群而死。这就像从苹果树上摘下一个苹果或从牛群中宰杀一头被阉的牛，虽然作为一个个体消失了，但它们的基因在成活的血缘个体中仍可繁殖起来。在谈到蚂蚁集群的兵蚁和小工蚁时，达尔文继续说道："面对这些事实，我相信，自然选择通过对可育亲本的作用，可以形成一个产生无性个体物种的规律，这些无性个体或全具有同样大小的大颚，或全具有不同结构的小颚；或最后，这也是我最难解释的，有一群大小和结构相同的工蚁，同时又有一群大小和结构不同的工蚁。"

达尔文以粗浅方式定义的血缘选择的原理，解释了自我牺牲是如何通过自然选择产生的。说得更准确些，他指出，如何解释才能够除去工蚁在其自然选择理论中所遇到的障碍。这样他就把这一关键障碍搁置起来了，直至去世。100多年来，昆虫学家一直停留在如下认识中：不育职别没有留给我们任何重大的理论问题。为什么会产生昆虫社会？他们会认为，是因为共同生活有利，而不育职别似乎是这一过程的逻辑延伸，所以根本没有必要去追根溯源。

后来，在1963年，英国昆虫学家和遗传学家威廉·汉密尔顿以令人惊讶的方式重启了血缘选择的课题讨论。他说，简言之，包括蜜蜂、黄蜂和蚂蚁这些昆虫在内的膜翅目，由于它们的性别遗传方式，在遗传上具有成为社会昆虫的倾向性，所以可以证明像达尔文所说的血缘选择的作用是完全正确的。但在膜翅目中决定性别的离奇方式，却成了血缘选择的推动力。为了弄清这种血缘选择到底是如何进行的，我们首先考虑由汉密尔顿建立的这一选择的一般定量原理。他说，为了使利他主义性状得以进化，对血缘个体的有利性必须大于供体和血缘个体之间的相关度的倒数。[①] 比如，为了帮助一个血缘个体，供者放弃了生命或者至少自己不要孩子。一个个体（如人类）通常与其兄弟或姐妹共有半数，即 $\frac{1}{2}$ 相同的基因，所以，如果利他主义者（这里为牺牲者）的基因要在有关群体中增加的话，其子代数必须多于其兄（弟）或姐（妹）子代数的 2 倍。这个利他主义者与其叔（伯）共有 $\frac{1}{4}$ 相同的基因，如果这一利他主义者的牺牲要使其基因仍在群体中增加的话，其子代数必须多于其叔伯子代数的 4 倍。以此类推，这一利他主义者与其第一表兄妹共有 $\frac{1}{8}$ 相同的基因，其基因要在群体中增加的话，其子代数应多于其表兄妹的 8 倍。以此类推，这种利益与这种方式可在许多代的血缘个体间累积性地增加。但是在直系血缘个体之外，并且比第一表兄妹的关系还远，相关度（或血缘系数）下降得很快，甚至难以检测。真正的利他主义，即不图回报的先天本性和牺牲精神，可能只存在于直系血缘家庭中。简言之，遗传利他主义的范围很窄。

现在我们回到汉密尔顿对膜翅目利他主义的解释。昆虫膜翅目的成员由蚂蚁、蜜蜂和黄蜂组成，其性别由单倍二倍性决定。尽管这一性别决定方式听起来过于专业，但其过程却很简单：受

---

① 供体在这里指工蚁，血缘个体指同一集群的工蚁的姐妹，相关度一般称血缘系数。——译者注

精卵（是二倍体，具有两套染色体）成为雌性；未受精卵（是单倍体，具有一套染色体）成为雄性。汉密尔顿注意到，由于膜翅目雌性有母亲和父亲，它们给女儿的基因数量都是相等的，母亲和女儿有半数基因相同，这也是动物界的普遍情况。但是姐妹们却有 $\frac{3}{4}$ 的基因相同；具有如此多相同基因，是由于它们的父亲来自一个未受精的卵子，其一套染色体全都来自母亲，所以精子中的基因没有混合（但通常情况下是混合的）。也就是说，黄蜂、蚂蚁或其他膜翅目昆虫给它们女儿们的精子全是相同的（即全都具有相同的基因）。所以，膜翅目昆虫的姐妹们在遗传上要比其他动物类群的姐妹们更为紧密；前者有 $\frac{3}{4}$ 的基因相同，后者只有 $\frac{1}{2}$ 或 $\frac{2}{4}$ 的基因相同。

为了检测这一性别决定的后果，可假设把你自己放在蚂蚁位置，在周围都有你的血缘个体。你有 $\frac{1}{2}$ 的基因与你的母亲联系在一起，也有 $\frac{1}{2}$ 的基因与你的女儿联系在一起。对她们有一个正常的、对等的关心就足够了。但你与你的姐妹们有 $\frac{3}{4}$ 相同的基因联系在一起。为了能把与你相同的基因传给下一代，现在有一个虽然离奇但有效的方法，就是去辅助你的姐妹多育，而不是辅助你自己的女儿多育。你的世界现在已经完全改变了。现在你如何能更好地繁殖你的基因？答案就是成为一个集群的成员。放弃生女儿的权利，你为了有尽可能多的妹妹而要好好地侍候你的母亲。所以，给你的一个最简单的劝告就是：成为一只蚂蚁。

现在的你，与你兄弟们的关系同样离奇。兄弟们没有相同的父亲，事实上它们根本就没有父亲[①]。因此他们与你只有 $\frac{1}{4}$ 相同的

---

① 因为兄弟们都是由母亲的未受精卵发育而成的。——译者注

基因。那么理想的做法就是只要抚育足够多的弟弟，而后者有时为年轻的蚁后受精，这样就可以扩散你的部分基因。如果你是雄性，有一个懒方法最为适合，争取做整个新集群的父亲，这样你就不必花时间去抚育妹妹，不必冒生命危险外出觅食，只需要在集群中更好地活着，为了给蚁后授精好好地特化你的身体和行为。简言之，如果你是膜翅目集群中的一只雄性昆虫，那就做一个懒汉吧！

汉密尔顿的概念似乎解释了关于蚂蚁、蜜蜂和黄蜂社会的许多奇特事实，而这些事实之谜多半又是我们认为理所当然和司空见惯的。第一个等待我们解释的谜是，集群生活的系统发育模式。尽管在膜翅目中的独居和集群形式只占已知昆虫物种的13%，但是在该目中的高级社会形式却陆续发生过10余次。在社会昆虫中，唯一另有起源的是白蚁，它起源于中生代早期类似蟑螂的祖先。第二个等待我们解释的谜是，昆虫社会中性别的作用。在膜翅目昆虫里，雄性总是懒汉，工职职别总是雌性，这与白蚁相反，白蚁具有普通的性别决定方式（与人的性别决定方式一样），并且如期所料，会产生雄性工蚁和雌性工蚁。在汉密尔顿原来的概念中，似乎已经提供了解释蚂蚁社会和其他膜翅目社会许多奇特现象的钥匙。

然而，故事并未结束，一个问题解决了又出现了新问题。罗伯特·特里弗斯是美国的一位昆虫学家，他注意到，汉密尔顿的观点只有在如下情况才是正确的，即工蚁分配它们对集群的投资时（假定其资本为4份能量），以3份能量投入产生新蚁后（这些新蚁后注定要建立新集群），以1份能量投入产生雄蚁。理由是下面的简单算术运算（所有这些重要概念不久后就会如窗户纸那样一捅即破）：如果产生的新蚁后和新雄蚁数量相等，则在工蚁和这些繁殖姐妹间的总的遗传关系为 $\frac{1}{2}$，这恰好与通常的性别决定方式相同，而不能是单倍二倍体性别决定方式。计算如下：$\frac{3}{4}$（处于姐妹关系）$\times \frac{1}{2}$（皇室一蚁后和雄蚁一部分，即这些蚁后为姐妹）$+ \frac{1}{4}$（处于兄弟关系）$\times \frac{1}{2}$（皇室中的雄蚁部分，即这些雄蚁为兄弟）$= \frac{1}{2}$；也就是 $\frac{3}{4} \times \frac{1}{2} + \frac{1}{4} \times \frac{1}{2} = \frac{1}{2}$。工蚁要使自己的基因增殖，唯一的办法就是增加其姐妹们在集群中的分数或比例，如果所占的分数为 $\frac{3}{4}$，则其基因增殖可为 $\frac{3}{4} \times \frac{3}{4} + \frac{1}{4} \times \frac{1}{4} = \frac{5}{8}$。（工蚁这个投资比）3∶1 应当是在进化中处于平衡时的投资比，因为以每克为基础计算，这时雄蚁的繁殖成功数应是蚁后的 3 倍。

但是，工蚁真能"知道"对新蚁后和新雄蚁以 3∶1 的比例进行投资，会使它们的利益最大化吗？至今为止所累积的资料指出，无论它们是否知道，它们确实在这样做。因此，它们破坏了它们母亲（母蚁后）的最大利益，母蚁后希望性比为 1∶1 而不是 3∶1，这样它就可以使自己的基因复制最大化。母蚁后偏爱性比为 1∶1 的理由是可得到相等数量的儿子和女儿，而破坏了这一性比就会使其投资回报率下降。由此可见，工蚁掌控了蚂蚁集群的一切。在它们准备牺牲其肉体时，仍然还在为自己的基因利益奋斗着。达尔文关于血缘选择的概念是对的，但是他绝对没有想到得到最终支持这一概念的道路，是多么不可思议和曲折。

在实际应用中，血缘选择的概念并非没有缺点。如果一个集群的所有成员都来自同一个父亲，这一概念就是正确的。但现在我们知道，在蚂蚁物种中也有少数物种，蚁后与两个或更多个雄蚁交配，这样就使得工蚁间的血缘关系较远（相对于只与一个雄蚁交配后产生的工蚁来说）。然而如下情况极有可能发生（尽管还没经过试验）：护士工蚁[①]偏向于侍候与自己血缘关系最密切的蚁后和雄蚁。

从昆虫社会是自然选择的进化产物的概念出发，还可得到其他一些结果。自私基因是了解蚂蚁集群和其他血缘关系紧密的动物社会的"种子"，人们对这一概念的推测来源于，具有血缘关系的个体能够彼此认识和辨别陌生者。并且，足以确定，蚂蚁的这种能力还非常强，能通过嗅觉做出这种认识和辨别。为了看到它们如何搜索其集群的气味，请观察来往于蚁巢和食物之间的一长队工蚁。当这些工蚁碰头时，它们几乎是毫无迟疑地就开始相互检查。当把这一过程慢速播放时，你就可以看到每只工蚁用其触角掠过另一只工蚁的身体部分。在这一瞬间，其触角内的嗅觉器官就会告诉它，其身边的另一只蚂蚁到底是朋友还是敌人。如果是朋友，它就立即跑开；如果是敌对者（不同集群的成员），它或者逃离现场，或者停下来靠更近去做检查，然后，它可能会发起进攻。

当一个集群的一只工蚁误入另一蚁巢时，巢内蚂蚁立即就会把它看作陌生者。对于这样一个陌生者，巢内的蚂蚁可能会做出各种各样的反应。最好的反应是，接受这个误入者，但只提供少量食物，直到它获得该集群的气味为止；最坏的反应是，巢内的蚂蚁对这个误入者进行狂暴攻击，用上颚紧紧夹住其身躯和足，用毒刺扎和用毒液喷。

集群的气味会散布到每只蚂蚁的整个体表。某些证据表明，这是各种不同碳氢化合物的混融物。这些物质在结构上是最简单

---

① 侍候蚁后和雄蚁的工蚁。——译者注

的一类有机化合物，整个是由碳和氢按链状连接组成的，其中最基本的和大众最熟悉的例子就是甲烷和辛烷。但是碳氢化合物分子，通过延长碳链、添加侧链、把碳原子间原来通常的单链改成双链或三链，几乎可有无穷的变化。通过混合不同的碳氢化合物和通过改变其比例还可增加这些物质的多样性——结果就是创造了一系列气味。这类混融物可能会被人们茫然地认为是从汽车维修站溢出的汽油味。但对于蚂蚁，这类混融物会营造出友谊和安全的微妙气氛。碳氢化合物还有一个附加的纯粹的物理有利性，即在昆虫的上表皮容易溶解，而蚂蚁和其他昆虫的上表皮都覆盖着一层蜡质膜。

我们不管集群气味的正确化学结构是什么，但要关注其气味起源于何处。如果每只工蚁都分泌出各自不同的气味，那么整个巢内就会变得乌烟瘴气，也就难以或不可能建立一个紧密的社会组织。各集群各自应有一种共同的、用一些化学物质组合释放出特定的公用气味，方能有效地执行其功能。昆虫学家已提出几种方式，可使蚂蚁释放出特定的公用气味。首先最明显的是，气味可来自环境，就像一个用餐者从一个充满烟雾的餐馆出来，其衣服上带有烟雾的气味一样。同一蚁巢的各成员常通过身体相互摩擦和相互舔体表，多数蚂蚁物种也会把储存在甲壳质嗉囊中的液态食物相互反哺。通过上述方式，不仅能释放出特定的气味，而且可使所有成员都能共享属于单一集群的气味，这至少在理论上是成立的。

产生共同特定气味的另一个来源，可能是身体的一些特定腺体所分泌的遗传产物。像食物香味和其他气味一样，这些物质（如果有的话），通过相互梳理和反哺，可在蚂蚁间传播。

这些气味，不管是来自环境还是来自体内的遗传性产物，经过长时间的混融，可使集群具有一个"嗅觉完形"（olfactory Gestalt），即仅仅来自该集群的共同气味①。"嗅觉完形"可随集群迁移的环境或遗传组成的改变而改变。信号随着时间流逝而改变不会对集群有什么影响。试验表明，成年蚂蚁能够记住新集群的气味，年轻蚂蚁则更容易记住。

下文中创建集群气味的途径，是最简单和最可靠的。让蚁后产生一些可识别的化学物质，然后依靠工蚁对蚁后的反哺和梳理向周围传播。这个系统真实存在。霍尔多布勒和其年轻同事诺曼·卡林（Norman Carlin）在弓背蚁属的木工蚁中发现了这一系统。他们利用一系列的复杂试验，在不同试验集群间来回转移蚁后和工蚁后发现：弓背蚁不只是利用蚁后气味，还利用其他两个可能来源的气味和以等级系统的方式进行转移。在工蚁识别巢伴时，来自母蚁后的气味线索最重要，其次是来自其他工蚁所产生的物质气味，再者是来自环境中的气味。

蚂蚁的嗅觉世界，对我们人类来说，是那么陌生和复杂，仿佛它们来自火星。甚至蚂蚁在没有得到死者的其他信号时，也可利用少数的化学物质识别和处理蚂蚁尸体，这可能就是它们赋予嗅觉最终的识别标志。当一只蚂蚁死在巢内时，它只是稍稍趴下，其足往往还收缩在体下。其巢伴开始根本没有注意到，因为死掉的蚂蚁仍然散发出在生活状态下的正常气味。等一两天后，当尸体开始腐烂时，其他工蚁才把它拖出巢外，抛入垃圾堆中。顺便要提醒的是，蚂蚁没有墓地，尽管希腊和古罗马的某些作家认为它们有墓地，并且他们这些神话至今还流传着。蚂蚁的尸体只是

---

① 或者说，不同的集群有不同的"嗅觉完形"。——译者注

诺曼·卡林和霍尔多布勒在佛罗里达弓背蚁工蚁间的攻击试验中，发现三个水平的攻击方式（从上到下），即简单的威胁炫耀、抓拉对方附肢（图中为触角）、全面攻击。通常以单方或双方战死告终。

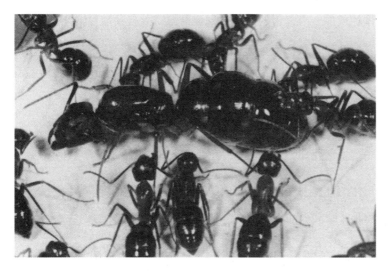

佛罗里达弓背蚁围绕着蚁后，几乎不停地舔蚁后的身体。这样，它们就得到了蚁后的化学标记，这构成了集群气味的重要成分。

被送到集群的垃圾堆或是被抛入远离巢的平地上。有时，其他物种的盗劫蚂蚁会劫走尸体并将之运回巢当作食物。

1958 年，威尔逊与两个合作研究者一起开始研究哪些腐败的化学物质能使蚂蚁识别死去的巢伴。该合作的首要试验之一是表征蚂蚁的嗅觉密码，而使用的方法是极为直接的。我们首先以纯合成的形式获得了一系列已知在蚂蚁尸体中累积的化合物。幸运的是，这一化学难题已经被其他的科学家仔细研究过了。我们把这些化合物微量地涂抹在一些方格纸上，再把这些方格纸放在收获蚁和火蚁的试验巢内。然后，我们观察哪些方格纸被蚂蚁带出来抛入垃圾堆中。在数周内，实验室都弥漫着一种类似于从尸体中散发出的恶臭，其中包括令人不悦的脂肪酸、胺、吲哚和亚硫酸醇。然而，只有一小类化学物质对蚂蚁起作用，尽管所有上述化学物质对我们研究者都有作用。只用长链脂肪酸，特别是油酸，或者只用它们的酯，或者这二者兼而有之，都能触发蚂蚁抛移尸体的反应。当真正的尸体被彻底清除，并且油酸被溶剂洗净时，它们就停止抛移出巢的行为。这证明，虽然尸体是静止不动的，但不能认为静止不动的东西就是尸体，还要通过特定化合物来判断，至少在工蚁的"心目"中是这样认为的。

所以，对工蚁来说，尸体就是带有油酸或与油酸极为相似的一类物质的某一形体。在这一问题上，工蚁是很固执的。它们对尸体的分类方法甚至延伸到带有与尸体类似气味的巢伴上。当我们把少量的油酸涂抹在活工蚁体表时，毫无疑问它们就会被抬出巢外送入垃圾堆。当被丢弃的工蚁洗去其携带的油酸返回巢时，如果洗得不够彻底，还会遭遇同样被抛弃的命运。

在野外和实验室对蚂蚁的不同研究中，昆虫学家所得到的启示是：第一，在社会生活中，一个个体快速而准确地识别其他个体的能力至关重要；第二，由于这一识别任务需要通过如盐粒大小（甚至更小）的脑，对关于嗅觉和味觉的大量信息进行加工处理，所以蚂蚁必须遵循一套既简单又严格快速的规则。结果是，它们几乎是对事先确定的一套化学物质自动地做出反应，而忽略其余的多数线索，对人类来说这些线索是理所当然要考虑的。在进化过程中，这似乎是一个不大可能的结果，但蚂蚁却把这一规则履行到了极致。

第九章 超个体

用肉眼看，蚂蚁似乎都是一样的，没有什么区别。如同我们在 1.5 千米外看鸟类一样，也很难区分。靠近观察，比方说距眼 5 厘米，用手持放大镜把蚂蚁放大，则约 9 500 个蚂蚁物种（现已超过 11 700 多种）之间的区别就如同大象、老虎和小鼠之间的区别了，仅在大小方面的差异就令人吃惊。例如，南美洲短蚁属（*Brachymyrmex*）或亚洲稀切叶蚁属（*Oligomyrmex*）中最小的蚂蚁，其整个集群可舒服地生活在最大蚁种——婆罗洲大弓背蚁的兵蚁头囊内。

在不同的物种间，蚂蚁的脑的大小有很大差异，在全部已知的蚂蚁物种中相差 100 余倍。但这是否意味着，脑最大的物种就最聪明，或者至少这样的物种由一套更复杂的本能驱动呢？对于本能（至今还没有精确测量智力的方法）差异的回答是肯定的，但这种差异很小。按行为分类，其中包括梳理清洗、照料卵和产下嗅迹等，在被研究的许多物种中可分成 20~42 类不等。最大蚂蚁的行为类型数比最小蚂蚁的行为类型数仅多约 50%。这种行为上的变异程度只有通过数小时的细心观察记录才可检测到。

在进化过程中，各单个蚂蚁的脑容量可能已接近极限。织叶蚁和其他高度进化蚁种令人吃惊的技艺，不是来自集群各单个成员的复杂作用，而是来自巢伴间协调的行为。如果你观察离开

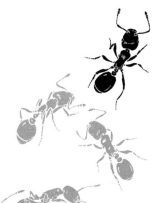

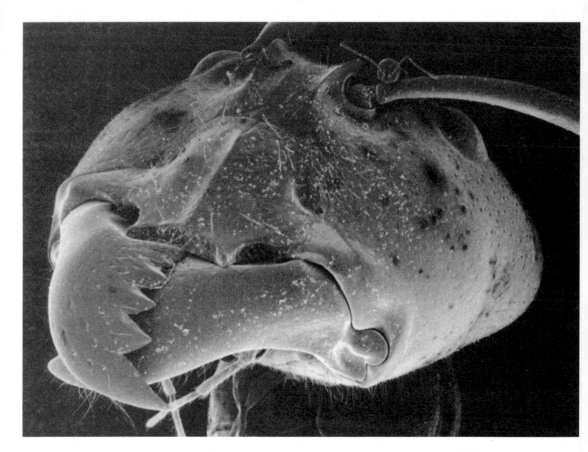

　　蚂蚁及其形成的集群——超个体，差异很大。来自南美洲短蚁属的整个集群入住一只大蚂蚁的头部。图中显示一只工蚁正在从一只婆罗洲大弓背蚁的触角后面窥看。（扫描电子显微照片由埃德·塞林提供）

矛蚁的超个体：东非行军蚁属（*Dorylus*）的一群觅食蚁。（由凯瑟琳·布朗-温绘图）

集群巢伴的一只蚂蚁，你最多也就是在野外看到一只蚂蚁（工蚁）或一个小生物以寻常的方式在地面上挖一个小洞而已。一只蚂蚁的行为不能代表所有蚂蚁的行为。

集群等价于超个体，这是生物学中欲了解集群物种时必须检测的单位。我们以最像所有昆虫社会的有机体——非洲矛蚁的大集群为例说明什么是超个体。从远处看（不要太对准焦距），矛蚁集群的一支劫持队（觅食队）就像一个生物体。它就像一只巨大的变形虫的伪足横穿90多米的地面。再细看，这是由数百万只工蚁组成的、有组织地从地下巢（在地下挖成的由多条隧道和小室组成的一个不规则的网络系统）跑出来的一支觅食队。当这支觅食队出现时，先是像一张铺开的床单，然后变成树的形状，树干从蚁巢长出，往前长的树冠宽度相当于一座小房子，有许多相互交织的大、小枝把树干和树冠连接起来。这支觅食队没有领导者。工蚁的先头部队前后跑动，平均速度约为每秒4厘米。在先头部队的那些蚂蚁先是前进一段距离，后再斜返回进入后面队伍，以让出路供其他先头部队前进。这些觅食者的各队伍，很像躺在地面上的一根根的粗黑绳，实际上是一条条由蚂蚁构成的劫持队。以每小时20米前进的先头部队，在它们的所经之处吞没了地面上的所有植物和低矮植物，搜集和捕杀了几乎其他所有昆虫、蛇甚至别的未逃脱的大型动物（偶尔还包括未被照顾好的婴儿）。数小时后，部队反向而动，进入自家地下巢。

我们说矛蚁或其他社会昆虫更像各个个体的紧密集聚体时，实际是在说一个超个体，所以要在社会和一般的有机体之间做一个详细比较。超个体这一概念，在20世纪初期极为流行。威廉·莫顿·惠勒与他同时代的许多人一样，在其论著中反复谈到它。他在1911年的著名论文《作为一个有机体的蚂蚁集群》（*The Ant Colony as an Organism*）中说道，动物集群实际上是一个有机体而不只是一个有机体的类似物。他说，集群作为一个单位，具有诸如大小、行为和组织的特定特性，而这些特性可从集群传递到集群、从一代传递到下一代。在集群这一超个体中，蚁后是繁殖器官，工蚁支撑着脑、心脏、肠子和其他一些组织。集群成员间的液体食物交换过程相当于血液和淋巴循环。

惠勒和与他同时代的其他理论家认为，他们是在做某些重要的事情。他们的观点也是用科学术语表达的，他们很少屈服于莫里斯·梅特林克（Maurice Maeterlinck）①的"蜜蜂精神"的神秘主义：存在以某种方式呈现的一种至高无上的力，指导或驱动蜂群交流。多数学者都在寻找个体和集群之间的物理相似性。

但是，当生物学家发现处于集群组织心脏位置的通信和职别形式的更多细节时，主要基于超个体和集群之间物理相似性研究方法的局限性，就越来越明显了。截至1960年，"超个体"这一术语就几乎从科学家的词汇中消失了。

但是，科学上的旧概念绝不会真正消亡，它们只是躺在大地上，就像神话巨人安泰②一样，想获得力量再获新生。与30年前比起来，有机体和集群两方面的研究进展巨大，从而使生物组织可在这两个水平上进行更深入和更精细的比较研究。这一新的比

---

① 比利时剧作家、诗人、散文家，1911年获诺贝尔文学奖，被誉为比利时的莎士比亚。以文学手法写有散文《蜜蜂的生活》（*The Life of The Bee*），歌颂蜜蜂的集体主义精神，带有神秘色彩，但在科学上是不成立的。——译者注
② 神话中的安泰力大无穷，只要与大地接触就可战胜一切，但只要悬在空中就失去了力量。后人常用它来说明精神力量不能脱离物质基础或一个人不能离开其祖国和人民。——译者注

较研究，比起以前寻找超个体和集群之间相似性的学术研究有更大的目标。现在我们的目标是，根据来自发育生物学和动物社会研究这两方面的相互吻合的信息，以揭示生物组织的一般原理。有机体水平的关键过程是形态发生，通过形态发生的各步骤，细胞改变其形状和化学成分，然后构建成有机体。下一个水平的关键过程是建立社会，其间经过若干步骤，各有机体（个体）在职别和行为上发生改变而构成了社会。生物学普遍感兴趣的问题是形态发生和建立社会的相似性，即寻找它们类似的共同法则和规划系统的一些共同原理。这些共同原理在一定程度上都可得到明确定义，所以它们可作为普通生物学长期探讨的规律。

由此可见，蚂蚁不只是给科学家带来了乐趣。超个体最终进化的可能性可能不是通过矛蚁，而是通过同样特别的、属于切叶蚁属的切叶蚁得到了最好的表达。该属已知有 15 个物种，活动范围限于从美国路易斯安那州、得克萨斯州南部到阿根廷的新大陆。顶切叶蚁属（Acromyrmex）有 24 个物种，也起源于新大陆，与它有密切关系的切叶蚁属的这些物种，在动物中有一个独有特性，它们可利用带进巢内的新鲜植物培殖真菌。它们是真正的农学家。它们的嗉囊由"蘑菇"组成，实际上它很像面包霉的一团线状菌丝。饱食这种令人不快的物质后，集群发展巨大，可有数百万只工蚁。每一集群每天吃的植物量相当于一头成年奶牛吃的量。某些物种，其中包括臭名昭著的大头美切叶蚁（Atta cephalotes）和塞氏美切叶蚁（Atta sexdens），它们是南美和中美洲的主要昆虫虫害，导致每年损害价值达数十亿美元的作物。但是，它们也是构成生态系统的一些关键物种：翻松森林和牧场大量土地以利通气，还使生活在这里的其他大量生物所需的物质得到了循环。

切叶蚁在地下巢的各小室内，通过一系列神奇和精细的步骤从事它们的农业活动。看来所有这些物种都遵循相同的基本生活周期，把这一农艺技术世代相传。其生活周期从婚飞开始。某些物种，如塞氏美切叶蚁在下午举行婚飞；而另一些物种，其中包括美国西南部的得州切叶蚁（*Atta texana*）则在黑夜举行婚飞。笨重的处女蚁后，猛烈地拍打翅膀飞向空中，在那里相继遇到5只或更多雄蚁并与之交配。在空中，每只蚁后从交配者那里（雄蚁交配后在一两天内死亡）获得2亿或更多精子并储存在储精囊中。囊中的精子可保存长达14年（已知蚁后的最长寿命）且无活性，有时还可更长。这些精子一个接一个地从囊中排出（排出后精子恢复活性），然后与排出输卵管外的卵结合。

切叶蚁的蚁后在其漫长的岁月中，可生产多达1.5亿个女儿，其中绝大多数是工蚁。当该蚁后的集群成熟时，某些女儿不会成为工蚁而是成为（处女）蚁后，每个（处女）蚁后自己都能建立一个新集群。蚁后未受精的卵子成为短命的雄蚁。

从新受精的蚁后开始，整个奇异的"制造"就开始了。蚁后从空中降到地上，从基部折断其四翅，致使它只能在地上活动；然后，它会挖一个直径为12~15毫米的竖井，深约30厘米；接着，在一侧加宽形成宽约为6厘米的小室；最后，在小室内定居下来，以培育新的真菌和繁育后代。

如果蚁后把共生真菌都留在了母巢内，它又如何在新巢培育出新的真菌呢？毫无疑问，它不会把真菌全留在母巢内，在婚飞之前，它会把一卷线状菌丝放进其口腔底部的小袋子中。现在，它把菌丝吐在小室地面上，开始培养新真菌，不久也在小室地面上产下3~6枚卵。

一开始，这些卵和小小的真菌园地是分开的，但在第二个周末，当产下的卵累计 20 枚和真菌团块约为原来 10 倍大小时，蚁后就把它们放在一起。在第一个月末，新卵、旧卵、幼虫和第一批蛹被一块生长繁茂的真菌包围在中央。在产下第一批卵以后的 40~60 天，出现了第一批成熟工蚁。在这段时间里，蚁后亲自管理真菌园地。它每隔一两个小时撕下一小块真菌，将腹部弯至六足中间，使小块真菌接触到腹部末端，再用其清澈的淡黄色或淡棕色排泄液浇灌真菌，之后再把这块真菌放回原处。虽然蚁后并不用其卵作为真菌的培养物，但它确实在这期间消耗了 90% 的卵。当孵化出第一批幼虫时，蚁后就直接把卵喂给它们。

在整个过程中，切叶蚁蚁后维持生活所需的全部能量，来自被折断翅的翅部肌肉和其体内脂肪的代谢。蚁后一天天在消瘦，这就导致了一场竞赛，因饥饿而死亡和因抚育一批新工蚁可延长其寿命之间的竞赛。当第一批工蚁出现时，它们开始以真菌为食。约一周后它们挖通被堵住的通道，开始在巢附近的地面上觅食。它们把一片片碎叶带回巢内，咬成浆状并揉成团送进菌丝园地。大约在这时，蚁后就不照顾其后代和管理菌丝园地了。从此，它就成了一台产卵机器，这是它余生注定的命运。

现在，由于有了以巢外物质为基础的食物来源，这个集群就可自立了。开始时，集群发展缓慢。然后，在第二、三年期间，发展速度加快。最后，当集群开始产生具翅蚁后和具翅雄蚁时（这些具翅蚁在婚飞期间会飞出巢外，因此它们对集群毫无贡献），发展就逐渐变慢了。

成熟的切叶蚁集群的最终规模非常庞大。最高纪录是由一个塞氏美切叶蚁创造的，其成员有 500 万到 800 万只。在巴西挖开的

切叶蚁属新受精蚁后，通过在土壤中挖掘一"竖井"状（A）。它们把从肛门排出液滴在菌丝丛上（B）随后菌丝园地生长和工蚁孵化的三个阶段如C所示。（由蒂丽德·福赛思绘图）

一个蚁巢有 1 000 余个小室，每个小室的大小在一个拳头和一个足球大小之间，其中 390 个小室充满了真菌和蚂蚁。把被蚂蚁带出巢外和堆在地上的疏松土壤铲起来进行测量时共有 22.7 立方米，重约 44 吨。对人类而言，建造这样一个蚁巢就相当于建筑一座万里长城了。粗略估算，这需要蚂蚁运上 10 亿次，每次运土量为一只工蚁体重的 4 ~5 倍，每次运土都是从深处垂直地往上拖拉，对人类而言，这一距离相当于 1 千米远。

切叶蚁的生活模式是新大陆热带地区野生动物的一大奇观。每一位野外生物学者都为这一奇观所倾倒，尽管营造奇观的个体大小微不足道。威尔逊第一次到巴西亚马孙河流的马瑙斯附近的雨林地区时，就被大头美切叶蚁的一支觅食队迷住了。在第一天宿营的黄昏，他和他的同事发现地上有些看不清的小东西，第一批工蚁似有目标地从树林周围跑了过来。它们为砖红色，体长约 6 毫米，长有短而锋利的硬毛。数分钟内有数百只蚂蚁进入宿营地，在生物学家居所两侧组成两个不规则纵队，它们以近似直线的轨迹行走，成对的触角左右扫动，仿佛受到其所在侧远方某定向光束的招引。在一小时之内，这"两支涓涓细流"汇成了蚂蚁数以万计的"两条滔滔大河"，每条宽度以 10 只或更多只蚂蚁肩并肩地跑动着。用手电筒一照，就很易追溯到这两纵队的源头。从宿营地起依次有一个向上的斜坡，横过一块空地，然后进入森林区，约 100 米处有一个大型地下蚁巢。威尔逊及其同事们，穿过相互纠缠的灌木林，找到了蚂蚁蚁巢的一个主要目标——在树冠高处开有白花的一棵大树。众多蚂蚁顺着树干川流而上，用其具有牙齿的上颚剪下叶片和花瓣，并且像头上顶着一把小伞那样把这些叶片和花瓣带回巢。某些工蚁似乎是故意咬下叶片或花瓣，掉在地上，以让新来的巢伴拾起带回巢。午夜刚过，在活动的最高潮，各条路径上的蚂蚁队伍，就像小型机械那样，时起时伏地、彼此交织在一起地来回穿梭。

对许多到林区来的考察者，甚至是有经验的博物学家而言，寻找食物是考察中极为关键的问题。然而，对切叶蚁来说，这却是一件轻而易举的事。但为了更好地了解切叶蚁行为，可把它们转换成另外一目[①]的生物。如果我们把切叶蚁觅食这一活动放大到人类（属于智人属）的尺度，1 只体长 6 毫米的蚂蚁相当于身高为1.5 米的人类，那么现在作为另一目觅食者的蚂蚁就要沿着觅食路线，以每小时 26 千米的速度跑约 15 千米，或花 3 分 45 秒跑 1.6千米（这是接近目前人类田径赛的记录）。这一觅食者要负荷 300多千克以每小时 24 千米的速度跑回巢。这么快的马拉松在一夜间要重复许多次，在许多地方白天也如此。

为了跟踪光滑美切叶蚁（*Atta laevigata*）这一超个体活动的完整过程和更详细地对它分析，威尔逊在实验室建立了集群，即把蚂蚁集群放入相互连接成多行的各小室内，这样可使他看到内部的真菌园地。他发现，真菌园地的真菌培育是通过一条复杂的装配线完成的，在这里，蚂蚁对叶和花瓣进行加工，分步骤地培植真菌。

培植真菌的每一步骤是由不同职别的蚂蚁完成的。从巢外背回叶片等的工蚁（觅食者）把负荷物抛在小室地面上，较小的工蚁就把叶片等剪成约 1 毫米宽的碎片。稍等片刻，更小的工蚁拾起来，把这些碎片挤揉成湿润的小球，并仔细把这些小球插入一堆与之相似的基质中。这堆基质就是真菌园地，布满了筛道，看起

---

① 切叶蚁属于膜翅目。——译者注

巴拉奎的沃氏美切叶蚁（*Atta vollenweideri*）成熟巢的结构。真菌园地有一块块供蚂蚁食用的真菌。两侧垃圾小室存放着吃过的植物残片，而真菌就依靠这些生长。(图为 N. B. 韦伯根据 J. C. M. 琼克曼的画修改而成，该画源于由 L. A. 巴特拉编辑的《昆虫–真菌共生：互利共生和偏利共生》)

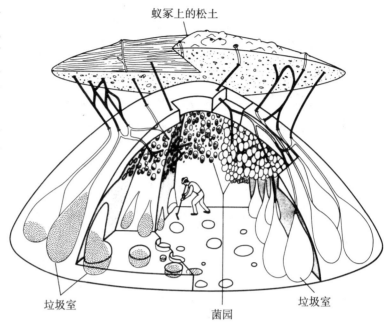

蚁冢上的松土

垃圾室   菌园   垃圾室

来像块灰色的海绵，松软易碎且易被手撕开。在真菌园地各弯弯曲曲的通道和脊褶上都生长着共生真菌，真菌和叶质构成了蚂蚁唯一的食源。真菌，就像面包霉一样，在揉过的湿润植物团状物上扩张，将菌丝伸入团状物中以消化那里呈部分溶解状态丰富的维生素和蛋白质。

真菌园地的循环一直在继续。比上述小工蚁更小的工蚁，从菌丝生长不太稠密的地方拔出一些菌丝放到新的真菌园地。最后，其中最小也是最多的工蚁负责巡查新的真菌园地——真菌菌丝床，它们用自己的触角进行仔细侦察，把菌丝床舔干净并清除来自异种霉菌的孢子和菌丝。这些最小的工蚁，恰好可在这些菌丝床最狭窄的通道间通行。有时，它们会把丛生的真菌撕下来运走，供较大的巢伴食用。

切叶蚁的经济活动基于个体大小的劳动分工。觅食工蚁（约家蝇大小）能切割叶片，但要培育微小的菌丝就显得粗笨了。管理真菌园地的小工蚁比5号大写英文字母"I"还小些，适于经营真菌园地，但要切割叶片就太不太能胜任了。所以这些蚂蚁形成一条装配线，从巢外采集叶片回巢后，后续各步骤都由较小的工蚁完成，其中包括制作叶子碎片湿润小球，直到巢内深处食用真菌的培养。

集群的保卫工作也是根据蚂蚁的大小进行组织的。在匆忙的工蚁中，可以看到少数兵蚁，体重约为管理真菌园地小工蚁的300倍，头部宽约6毫米。如前面我们说的大头蚁的兵蚁那样，这些"彪形大汉"利用锋利的上颚把敌对昆虫剪成片断，也能以同样的效率撕破皮革和人的皮肤。昆虫学家挖其蚁巢时，若没有采取预防措施，双手可能被螫得流血，就像刚从布满荆棘的丛林中走出来一样。我们必须不时停下来止住被螫破的皮肤流的血。这使我们铭记在心——仅为我们百万分之一大小的一只蚂蚁，仅凭其一对上颚就能令我们却步！

切叶蚁的巨大的兵蚁到成群的"小蚁国园丁"，通过正确地控制这些生命各阶段性的轨迹，使其集群具有奇迹般的力量。由蚁后育出的第一批成体工蚁中，没有兵蚁或较大的觅食工蚁，只有最小的觅食工蚁和较小工蚁（为把碎叶片揉成湿润小球和管理真菌园地）。当集群繁盛扩大，其工蚁不仅数量变多而且个体体型也变大，而当最后集群个体数达约10万只时，就出现了兵蚁。

在切叶蚁集群生长的规则中，威尔逊找到了检测超个体概念的方法。他的注意力主要放在创建蚁后[①]的困境上。这只大的蚂

---

① 创建蚁后是蚁巢集群的第一个蚁后，即奠基蚁后。——译者注

在社会昆虫中，切叶蚁属的职别系统是最复杂的系统之一。这里画出的工蚁（从真菌园地极小的管理蚁到巨大的兵蚁）全部是光滑美切叶蚁。（由蒂丽德·福赛思画图）

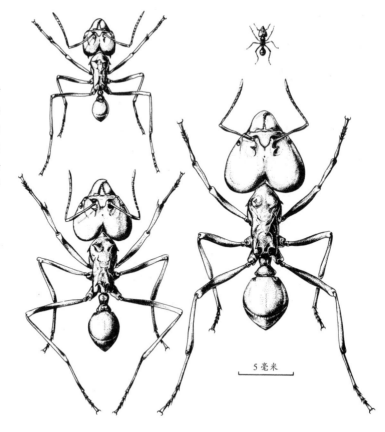

5 毫米

蚁，也就是蚁后，通过把其体脂和翅肌转化成能量以支撑自己的生命和生产第一批工蚁。在用其自身的资源度过数周的同时，它必须试图创建一支在各方面都达到平衡的劳动队伍，这里没有容许犯错的空间。为了使第一批工蚁能接管整个真菌园地的工作并能给身疲力竭的蚁后提供食物，这批工蚁必须包括众多的小工蚁（管理真菌园地）、中等大小工蚁（建设真菌园地，如把碎叶片揉成湿润小球）和少数大工蚁（到巢外采集叶片和在巢内撕碎叶片）。

如果蚁后在上述三类大、中、小工蚁中缺少任何一类，那么

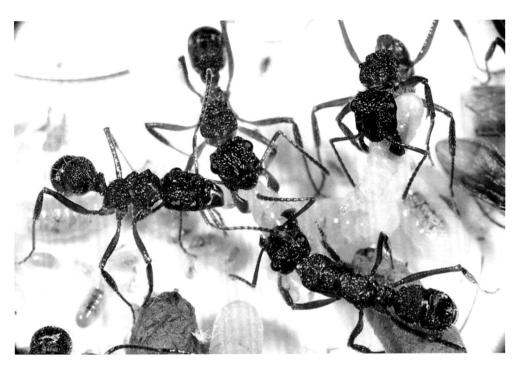

　　蚂蚁工蚁通常不会显示权力，也不会有冲突行为，它们会一起协作照料母蚁后的后代，该图片显示的新热带地区的粗外刺猛蚁（Ectatomma ruidum）就是这种情况。然而，如果巢中无蚁后并且工蚁发育为可育时，巢伴工蚁间就会发生冲突。

上图：纳瓦霍囊腹蚁（*My-rmecocystus navajo*）两蚁后之间的权力炫耀。权力个体踩在臣服个体（通过屈足和张开其上颚表示屈服）的脊上。在多数情况下，只有一只蚁后会成为一个成熟集群的母亲。

下图：墨西哥囊腹蚁的一个成功蚁后——具有第一批子代，其中包括幼虫、蛹和年轻的成熟工蚁。

　舞镰猛蚁（*Harpegnathos saltator*）一个集群的蚁巢小室。该图片摄于印度焦格瀑布附近，这一罕见蚂蚁集群在这里相当普遍。

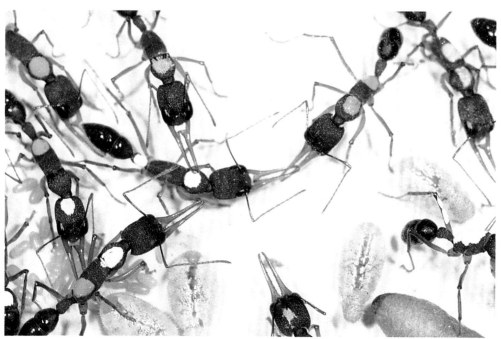

　　为了密切研究个体行为，将舞镰猛蚁整个集群移入实验室，然后用"颜色密码"标记每一个体。上图显示若干个体在分享一猎物。下图显示两只蚂蚁（在图中心）进行权力决斗，在决斗中它们的头彼此相对，用自己的触角鞭打对方。

如上图所示，长须收获蚁（*Pogonomyrmex barbatus*）相邻集群间的工蚁，为了捍卫它们的领域往往进行凶猛的战斗。

如下图所示，这些蚂蚁一般会战斗到死，长须收获蚁的一个抢劫者（上图战斗胜利者）用其老虎钳似的上颚把另一蚂蚁（上图战斗失败者）的头附在其腰上。

　　相互修饰（上图）和社会食物通过反哺（下图）共享，在蚂蚁社会中几乎是普遍的利他主义行为。这里展示的是南美洲食肉蚁——刺螯蚁（*Daceton armigerum*）。

　　蚂蚁在社会生活中的一个普遍特性是抚育幼小。这里是平木工蚁（*Camponotus planatus*）在修饰、喂食和保护集群的幼虫和蛹。

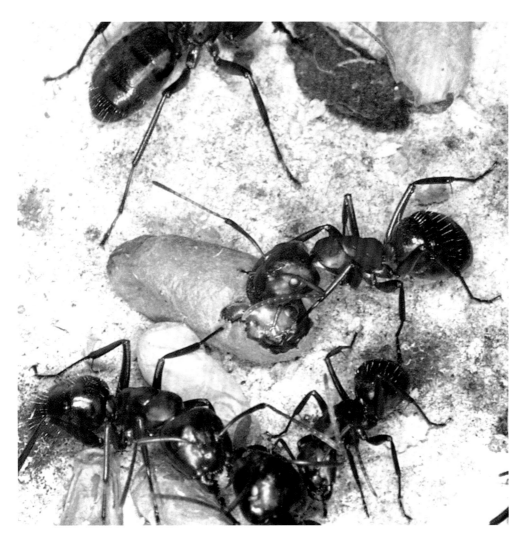

　　许多蚂蚁物种刚成为成体时不能自己从蛹茧中出来。上图中，木工蚁（*Camponotus ligniperda*）的工蚁在帮助一只刚成为成体的巢伴从蛹茧中出来。

这个小集群必死无疑。如果蚁后养育一只兵蚁，或者一只较大的觅食工蚁，其资源就会耗尽，这样的集群也会死亡。威尔逊发现，最小的能成功觅食的工蚁（能咬碎普通厚度的叶片）头宽1.6毫米，在较大的集群中，许多觅食工蚁的头宽为前者的2倍，因此其重量为前者的若干倍（相应消耗更多）是必要的。真菌园地工蚁的头最小，只有0.8毫米宽。

所以很显然，奠基蚁后必须要做的是：将抚育的第一批工蚁的头宽变化范围控制在0.8~1.6毫米（也可少许超过这一范围）。它必须很谨慎，不能遗漏其中的任何一种类型，并且头宽不要超过1.6毫米。在建立集群的过程中，不管是在观察野外时挖掘出来的，还是在实验室培养出的第一批工蚁，它们的头宽总是（至少在威尔逊研究过的蚂蚁中）在0.8~1.6毫米。偶尔有一只奠基蚁后抚育了一只头宽为1.8毫米的工蚁，这对集群生存造成了威胁，但并非致命。在研究样本中，绝未出现过比这更大的工蚁。

什么是这一超个体的控制本质？控制是来自蚁后和集群的年龄还是来自集群的大小呢？威尔逊让4个切叶蚁集群在实验室生活3~4年，在这期间工蚁规模发展至接近10 000只，包括大型觅食工蚁，还有少数较小的兵蚁。接着，他把这4个集群调整到每个只有200只工蚁的规模，使每个集群的工蚁数与很年轻集群的工蚁数相同。所以这时的蚁后和集群成员在年龄上虽老，但集群这一超个体，在其大小和职别结构上还是年轻的，如此，集群就得到了"重生"。那么这些集群产生的下一批工蚁的结构是什么？其工蚁的大小会是像小集群产生的那样吗？或是会继续像被分出来之前的大集群所产生的那样？

答案是：这些集群产生的下一批工蚁的结构是小集群产生的

工蚁结构。换言之，是集群大小决定了职别分布，而不是集群年龄。这些集群在生长和分化受到严格控制的条件下开始了新生活（在一定意义上说是真正的新生）。如果不是这样开始，它们就不会得以生存。但这一明显严格控制的反馈机制尚待揭示。

切叶蚁这一"返老还童"试验，连同其他研究者对不同物种的其他试验，都已给出了超个体更为确切的概念。他们已经提出了，蚂蚁集群作为一个严密调节单位的有效性，整体优于其各组成部分之和。在生物组织的研究中，蚂蚁集群，相对于通常的有机体来说，提供了某些有利性。不同于通常的有机体，超个体可分成具有不同年龄或大小的一些较小类群。这些类群可分开进行研究，然后可毫无损害地放回原集群。第二天，又可以用另一种方式分开同一集群而进行另一研究后，再恢复到原集群状态，以此循环往复。利用超个体做试验，在方法上具有极大的优越性。首先，与用一般的有机体做类似的试验相比较，进程快，且在技术上简单易行。其次，该方法也为研究人员提供了一种简洁的试验控制方法——通过重复利用同一集群，研究者就消除了由于试验材料的遗传差异或优先经验所带来的变异。

重复地分开和组装集群的有利性，与为了发现人"手"的理想结构把手指重复地分开和组装进行研究是一样的（假定没有疼痛或其他不便）。更正确地说，该过程是用来研究人类具有的这5根手指，是否是最好的可能排列方式。我们切掉一个人的大拇指，并请这个人用手完成一个任务，比方说写字或开瓶。然后把大拇指接回重新执行其原有功能。对其他四指可进行类似操作，还可以对这5个指头进行许多不同的排列组合，从而可看出哪一排列组合具有最佳功能。

威尔逊审视切叶蚁的各职别就像人的不同手指。他注意到，离巢搜集叶和花最普通的一类工蚁，其头宽为 2.0~2.4 毫米。这类规格的职别是做这类工作的最佳职别吗？即能以最低能量消耗而搜集最多的叶片和花吗？威尔逊检验了这一假说，还通过以下方式对蚂蚁社会进行分析并提出一种隐含假设，即这种等级制度是经自然选择进化而来的。每天，觅食工蚁和其他的随行工蚁离开实验室蚁巢，进入一块儿围起来的、放入新鲜叶片的开阔地。当一列急匆匆的工蚁拥挤着通过出口时，他只让一特定大小类型，比方说头宽为 1.2 毫米、1.4 毫米或 2.8 毫米，或随机选择其他头宽的蚂蚁通过，而把其他大小的都移走。因此，这一集群就转化成一种假突变体（pseudomutant）——超个体的模拟突变。这一突变体除了外出觅食的是一群受到限制的特定工蚁外，其他的所有方面都与"正常的"集群相同（当觅食工蚁不受人为限制时即为正常）。他对每一假突变的突变体收获的叶子都称重，并且也测量这些蚂蚁在收获叶子时所消耗的氧。以这些标准衡量，证明最有效的类型是头宽为 2.0~2.2 毫米的工蚁。这一规格的工蚁实际上就是该集群外出觅食的工蚁。简言之，切叶蚁集群的各类成员，在其生存期间正确地做了它们该做的事。

第十章　社会寄生：破译密码

　　蚂蚁最大的长处就是擅用其细细的脑，这使它们具有彼此紧密联系和进行复杂社会活动的能力。它们的这种能力是通过一系列有限的特定刺激暗示其行为实现的。蚂蚁借萜烯①形成嗅迹、轻拍对方下口器来乞讨食物、借脂肪酸识别尸体等。这数十种信号的引导就可使单只蚂蚁参与日常的社会活动。

　　蚂蚁集群已经建立起来的超级结构引人注目，但是超级结构的基础，即以简单刺激暗示的方式来相互联络，同时导致其主要缺点。蚂蚁是一种容易被愚弄的昆虫。其他生物只要重复其一个或若干个关键信号就可破译其密码，并借此获得不义之财。通过这一方式窃获资源的社会性寄生虫，犹如人类的一帮盗贼，悄悄地输入住户报警系统的 4 个或 5 个正确数字，致使报警系统失灵而进行盗窃。

　　人类不易受骗。人类是通过大量细微线索认识一个朋友或一个家庭成员的，这些线索包括身高、姿态、面部特征、音调和无意中提及双方都认识的人。蚂蚁只是通过气味认识其家系成员的。而这种气味至多是在其体表融合了少数几种碳氢化合物。许多社会性寄生的甲壳虫和其他一些昆虫，它们其中大多数在形态

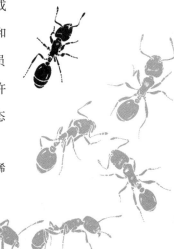

――――――――――――

① 简称萜，是一系列萜类化合物的总称，是分子式为异戊二烯的整数倍的烯烃类化合物。——译者注

和大小上相差很大，都有获得蚂蚁集群气味的技术或具有吸引蚂蚁幼虫的嗅迹。尽管事实上这些社会性寄生昆虫不能通过蚂蚁其他可能的识别检验，但它们都能轻而易举地与蚂蚁为伴，然后从蚂蚁那里得到食物、被清洗，蚂蚁还亲自带领它们到各处。套用威廉·莫顿·惠勒的比喻就是，这就像一个人类家庭邀请巨龙虾、小乌龟和类似的怪物共进家宴，而毫不在意其间的差别一样。

　　某些最精细的社会寄生，是一个蚂蚁物种侵害其他蚂蚁物种利益的寄生。这方面最好的例子可能是施氏食客蚁（*Teleutomyrmex schneideri*），是一种由瑞士著名的蚁学家海因里希·库特尔发现的稀有物种。这一食客蚁以"客人"身份专门寄生在另一蚂蚁物种身上，这另一蚂蚁物种就是铺道蚁（*Tetramorium caespitum*），生活在法国和瑞士阿尔卑斯山脉。恰如施氏食客蚁中的希腊词"*Teleutomymex*"意为"最后的蚂蚁"，道出了这种蚂蚁的寄生特性。施氏食客蚁没有工蚁这一职别，需要宿主工蚁的照料。其蚁后与其他多数蚂蚁的蚁后相比很小，平均长度仅 2.5 毫米，对宿主集群的生存毫无贡献。这种食客蚁在所有已知社会性昆虫中是独一无二的，它不只是寄生而且还是外寄生，即它们绝大部分时间都是骑在宿主背上。食客蚁这一独特习性的形成，不仅只是因其个体小，还与其身体形状有关。它较低的腹部表面（体末端的膨大部分）是一强而有力的凹面，这就可以让它把自己的身体紧紧地扣在宿主的身上。其足的衬垫和爪，按身体的比例来说，属大型，这就能让它有力地紧抓其他蚂蚁光滑的几丁质①表面。蚁后具有紧抓对

――――――――――――

① 几丁质是节肢动物体表外骨骼的主要成分。由碳水化合物和氨分子组合而成。有保护身体的作用。可用于制造相片底片、外科手术缝合线、人造皮肤、隐形眼镜等。――译者注

极端的社会性寄生蚂蚁——施氏食客蚁在其宿主铺道蚁的住地。在左边，坐在宿主蚁后胸部上面的两只寄生蚁后的卵巢尚未发育，所以其腹部扁平而未膨胀；其中一只还有翅，几乎可以肯定是处女蚁后。第三只寄生蚁后骑在宿主蚁后的腹部上面，由于具有极度发育的卵巢，具有膨大的腹部。

象，尤其是紧抓宿主集群母蚁后的本能倾向。我们已经观察到 8 只寄生蚁后骑在 1 只宿主蚁后的身上，它们的身体拥挤在一起，它们的足覆盖着宿主的身躯而使宿主不能移动。

这些极端的寄生方式已全面渗透到铺道蚁社会。它们通过宿主工蚁的反哺获得食物，它们也可将液体食物分享给宿主蚁后。由于受到像抚育婴孩那样的照料，食客蚁的蚁后可育率很高，它们的腹部充满了成团的卵巢，平均每分钟产两个卵。

由于宿主工蚁还要负担寄生蚁的生活，所以宿主工蚁的群体大小受到了限制。然而，它们仍然尽力照料食客蚁，并抚育后者一大批子代，这些子代以后又可侵扰附近的其他集群。食客蚁在生活周期中从卵到成体的每一个阶段都会发出信号（在本质上多数为化学信号），这样可使其宿主会对待正式集群的成员那样接受它们。

但施氏食客蚁在其反常的进化过程中也付出了代价。食客蚁寄生的后果就是，它们的身体柔弱、退化，缺乏其他蚂蚁具有的某些腺体，而这些腺体可为幼虫生产食物和免受细菌侵害；外骨骼薄，色素少，刺和毒腺变小，上颚太小、太弱而不能处理除液体食物之外的任何食物；脑和中枢神经核小而简单，其成体除了能进行交配和进行短距离飞行外，还没发现它能不依附其宿主和不乞讨而存活。如果把它们和宿主分开，过不了几天它们就死了。

　　施氏食客蚁是欧洲共生的一个奇观，也是世界最罕见的蚂蚁之一，蚂蚁中其他的极端寄生物种（其生活中的每个细节都依赖于宿主）同样罕见，这种罕见性不存在例外。事实上，在宿主集群发现这样的寄生昆虫时，不管是新物种还是过去考察中已经知道的物种，对蚁学家来说都是值得注意的事件。蚁学家把其发现写成短论文，或者至少通过新闻传播与同行交流。社会寄生发现者的冠军无疑是德国的阿尔弗雷德·布申格（Alfred Buschinger）。他带领其学生和同事组成的队伍，到世界各地考察，揭示社会寄生暗中生存的最深层的秘密。

　　像布申格和其他研究者所得出的结论那样，现不能证明专靠其他物种施舍而生存的寄生物种是短命的，不久注定要消亡。但是寄生物种确实很罕见，也往往限制在足够小的地理范围内而淡然对待消亡。和人类中的事务一样，寄生性的恶棍必然总是极少于宿主那些"愚者"，否则前者就断绝了生计。

　　蚂蚁中另一种众所周知的寄生形式是，一种类型的蚂蚁奴役其他类型的蚂蚁。前面我们讲过，一些蜜蚁集群如何侵犯弱小集群——它们会杀死其蚁后，抓捕其年轻工蚁和蜜蚁不同职别的成员（如觅食蚁和兵蚁等），然后它们就在征服者巢内生活和工作。

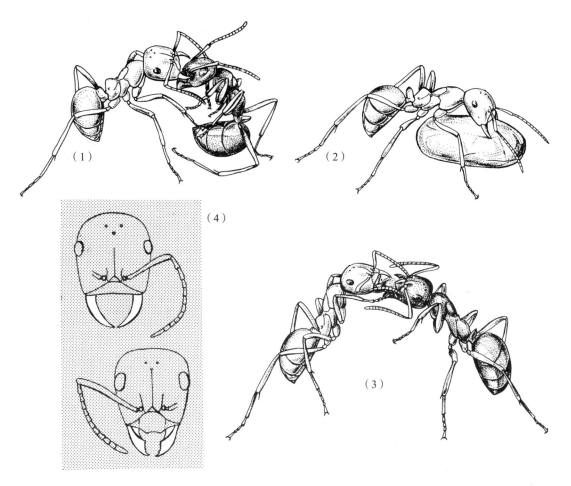

　　欧洲物种亚马孙蚁（*Polyergus rufescens*）的日常活动景观：（1）在奴役性抢劫中亚马孙蚁的工蚁在攻击细丝蚁（*Formica fusca*）的工蚁；（2）然后，前者带着细丝蚁的蛹（包在茧内）返回自己的巢；（3）奴役蚁——细丝蚁（从被俘获的蛹中发育而来）在喂亚马孙蚁；（4）亚马孙蚁如同镰刀形的上颚（上）与具有寻常宽度上颚的亚全蚁比较，后者是利用化学喷射而不是用刺咬制服防御者。（见 P152 插图）（由蒂丽德·福赛思画图）

从最严格的定义来说这也是真正的奴役：征服和强迫同一物种的成员为征服者劳动。一种更为常见的奴役现象是不同物种蚂蚁成员间的奴役，这里用的术语"奴役"不是在严格的意义上说的。这里"奴役"的含义，与我们人类捕获并驯养狗和牛颇为类似。这里用的术语"奴役"虽不严格，却很好地表达了这种不同物种间的"奴役"行为对昆虫学家而言是多么印象深刻和熟悉，所以在这里我们会继续使用它。甚至研究有关蚁类行为的专家也喜欢用一般术语"奴役"（Slavery），而不用专业术语"蚁奴"（Dulosis）。后者专指蚂蚁物种间的奴役现象，在昆虫学杂志中偶尔出现。

在蚂蚁世界中，没有比多职蚁属（Polyergus）中的亚马孙蚁的奴役抢劫更引人注目的了。颜色发红或乌黑、个头大、战斗中勇猛顽强的亚马孙蚁，其靠奴役的生活方式达到了顶峰。欧洲物种的亚马孙蚁，在靠近维尔茨堡的美因河流两岸的石灰岩生境中，相当普遍。当时还是一个 15 岁中学生的霍尔多布勒，多次注意到亚马孙蚁控制和奴役其他蚂蚁的行为，并做了详细记录。他后来知道，瑞士昆虫学家皮埃尔·胡贝尔早在 1810 年就已经报道了他的大多数发现，还有伟大的瑞士神经解剖学家、精神病学家和蚁学家奥古斯特·福雷尔也早在其重要专著《蚂蚁的重要社交社会》（Le monde social des fourmis）中发表过这些成果。

亚马孙蚁过的是真正的寄生生活。正如威廉·莫顿·惠勒描述的那样，打架是它们唯一能做好的事情："工蚁极其好斗，并且像雌蚁（指蚁后）一样，可以容易地通过其镰刀形且无齿的但具有非常精细的齿状上颚加以识别。这样的上颚不适于掘土或搬起幼虫和蛹在蚁巢狭窄的小室间移动，但特别适合刺破成年蚂蚁的防护层。所以，我们发现，亚马孙蚁从来不筑巢也不照管自己的子代。它们甚至无法靠自己获得食物，只能当水或液态食物碰巧碰到了其短舌后可以舐食。它们的食物、住所和其子代的抚育工作全都要依赖于奴役蚁，而这些奴役蚁是它们从外集群抢劫过来的工蚁茧中孵化出来的。离开这些奴役蚁它们就不能存活。因此，你总是能在混居巢内看到它们，而这样的巢完全是奴役蚁所属物种巢的架构。亚马孙蚁具有两套相反的本能：在巢里，它们无所事事，或者长时间向奴役蚁乞讨食物、饰洁身体和擦亮其淡红色的外壳；在巢外，它们显示出非凡的勇气和协同行动的能力。"[①]

亚马孙蚁实施抢劫的这一协同行动是一场壮观的戏剧。工蚁倾巢而出形成一列密实的队伍，以每秒 3 厘米的速度前进，这相当于人类一支军队以每小时 26 千米行军。当到达目的地时（往往是 10 米或更远一些的亚丝蚁的巢），它们就毫不犹豫地冲进巢内，捕获包裹蛹的茧，转身冲出来返回自己的巢。它们攻击并杀害任何反抗的工蚁，用它们军刀似的上颚扎穿反抗者的头部和躯干。回到家，它们就把蛹交给成年奴役照管，继续过着它们懒散的生活。

亚马孙蚁的工蚁，到底是以什么方式直接闯入受害者集群而不受阻，多年来一直是蚁学的经典问题之一。玛丽·塔尔博特（Marry Talbot）于 1966 年在密歇根州观察亚马孙蚁巢时注意到：每次抢劫前，亚马孙蚁都有几只侦察工蚁会出现在特定的、后来要被抢劫的蚁巢周围。这些侦察工蚁，每次从要被抢劫的目标巢返回自家巢时，都成了抢劫开始的信号。由此看来，亚马孙蚁的抢劫不是由领导者组织的，所以在塔尔博特看来，合乎逻辑的解

---

① 《蚂蚁：它们的结构、发育和行为》(*Ants: Their Structure, Development, and behaviour*)，美国纽约，哥伦比亚大学出版社，1910。——原书注

释是：侦察工蚁，一定在从目标巢到回自家巢的路上留下了嗅迹，以指引其巢伴到达目标巢。这就好像侦察工蚁在说："我告诉你们，外面有个目标巢，只要沿着嗅迹走就能找到。"但如何检验这一假说呢？塔尔博特决定和亚马孙蚁这些抢劫者"直接对话"，以她自己的指令发给抢劫者。她用一支画笔蘸上二氯甲烷的提取物，涂抹在亚马孙蚁的工蚁身上作为人工嗅迹，以引导它们出巢，并沿着嗅迹前往目标地，正常的话，当天抢劫就会发生。这一试验取得了惊人的成功。亚马孙蚁的工蚁服服帖帖地倾巢而出，并且顺着人工嗅迹到了路线末端。因此，塔尔博特可以随意地激活这些抢劫者，引导它们到达她选定的目的地。最后，她把细丝蚁一个集群放在一个箱内，且距亚马孙蚁一个集群 2 米，并在这两集群间画出一道人工的亚马孙蚁的嗅迹线，结果细丝蚁集群遭到了亚马孙蚁的洗劫。

塔尔博特认为，亚马孙蚁的侦察工蚁，并没有跑在队伍的前头带领其姐妹们返回到目标巢。这可能不完全正确，就像她所证明的，尽管亚马孙蚁无须其他指引就可顺着嗅迹找到目标巢，但也可能还会利用其他一些信号。美国自然历史博物馆昆虫学家霍华德·托波夫（Howard Topoff）发现了生活在亚利桑那州亚马孙蚁的另一物种，它们有更复杂的故事。他观察到，在自然发生的抢劫中，这另一物种的侦察蚁总是引领着抢劫队。他提出了关于蚂蚁环境的重要特征，诸如灌木丛和岩石，并且证明，对引领者来说，这些可见的线索比化学嗅迹更重要。攻击之后，这些工蚁要依靠上述这些固定的静物，同时还要依靠引领者产下的化学嗅迹才能回巢。

亚马孙蚁的勇士们，通过速战速决的方式窃取其他物种的幼小蚁，并且利用致命武器屠杀挡道的每只蚂蚁。看起来这是执行这种决战最直接、最有效的方式。但是，绑架奴隶还有更狡猾的方式。在与普渡大学的弗雷德·雷尼尔一起工作的期间，威尔逊注意到美国另一个物种的奴隶抢劫者——亚全蚁，它甚至无须像亚马孙蚁那样粗鲁地抢劫也能获得巨大成功。亚全蚁的工蚁具有普通的上颚，而不像亚马孙蚁具有那种如同曲线形的军刀式武器的上颚，然而它们在擒获奴役蚁时同样有效。与亚马孙蚁一样，亚全蚁也青睐蚁属的其他物种。在寻找亚全蚁成功的关键时，威尔逊和雷尼尔发现，每一亚全蚁的工蚁都具有一个巨大的杜氏腺（Dufour's gland），几乎占了腹部的一半。当它们攻击一个集群时，就从这腺体往防卫者身上和周围喷射"宣传物质"。这些物质（乙酸癸酯、乙酸十二酯和乙酸十四酯的混合物）既能把其他同伙吸引过来，又能对防卫者产生警告和驱散作用。这三种乙酸酯是蚁属中受害物种真实报警信息素的模拟物质，具有超级报警的假信息素的作用：使防卫者（攻击对象）很快检测到；在普通报警物质（如十一烷）挥发到难以检测的量时，这三种乙酸酯的气味仍留在巢中。

对人类观察者来说，被俘工蚁可视为奴隶。但从它们的行动看，仿佛又是自由的。它们把奴役者（奴隶主）看作姐妹，它们做着在原来自己集群中的同样工作。这种忠于职守的情况一点也不令人感到惊奇：自由生活的蚂蚁，通过进化，行为已经程序化了，不管周围情况是否有变化都"按程序行事"。奴役者或奴隶主，在进化中也已经以其特殊方式程序化了，并从这种本能的刻板程序中受益。威尔逊在怀俄明州发现了一个奴役者蚂蚁物种——惠氏蚁（Formica wheeleri），它不只利用一个物种的奴蚁，

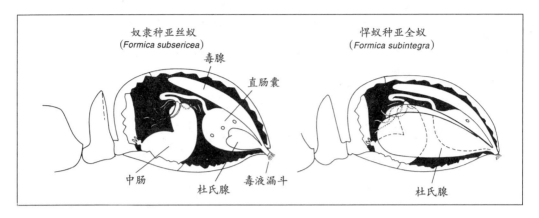

奴隶种亚丝蚁
(*Formica subsericea*)

毒腺

直肠囊

中肠   杜氏腺   毒液漏斗

悍蚁种亚全蚁
(*Formica subintegra*)

杜氏腺

美国悍蚁——亚全蚁在其巨大的杜福氏腺内产生大量的"宣传物质"。这些物质（类似于报警信息素）对保卫者起着迷惑和驱赶作用。与亚全蚁的杜福氏腺相反，亚丝蚁（奴蚁）的杜福氏腺为正常大小。（引自 F.E.雷古纳和爱德华·威尔逊，《科学》，172：267-269，1971）。

对不同物种的奴蚁还采取稍有不同的程序，结果产生了不同物种的奴隶有类似于职别系统的劳动分工。一个奴隶物种——新红林蚁（*Formica neorufrbarhis*），有很强的侵略性，并且易激动。威尔逊观察到的由奴蚁进行的抢劫中，新红林蚁的工蚁作为亲信跟随着它们的主子惠氏蚁女士们（即雌蚁）。他还观察到，当混合巢被挖开时，新红林蚁的工蚁也会帮助惠氏蚁捍卫上层巢。另外一个物种细丝蚁的成员，也是惠氏蚁的奴隶。当混合巢暴露时，细丝蚁却仍留在混合巢深处，并试图逃跑和隐藏起来。它们的腹部因装有液体食物而膨胀，因为它们的职位是保姆，负责抚育惠氏蚁的年幼一代。

世界上已知有数百个蚂蚁物种已经成为社会性寄生虫，它们必须依赖其他蚂蚁物种生活。还有数百多个物种有潜在可能走上社会性寄生这一进化之路。而且，数以千计的螨虫、囊虫、千足虫、苍蝇、甲虫、黄蜂和其他一些小生物也已经有社会性寄生的倾向。具有社会性寄生倾向的这群"匪帮"，利用通信密码的简单性入侵漏洞百出的蚂蚁集群。从"客人"的角度出发，寄主也是能提供丰富营养和有待开发的一个生态岛。蚂蚁集群及其巢，为能够进入的捕食者和共生者提供了许多类型的小生境。这些社会寄生的开发者可选择的小生境有：蚂蚁的觅食嗅迹，远离内部的巢室或保卫巢、储存室、蚁后小室和保育室，后者还可细分成蛹室、幼虫室和卵室。

或者，还有更无耻的"客人"住在蚂蚁身上。极端例子是某些类型的螨虫骑在美洲热带森林地区的兵蚁身上。其中一些小的、形状似蜘蛛的类型坐在工蚁头上，并直接从宿主口中窃取食物。另一些会舔食蚂蚁身上的油类分泌物，或者吸蚂蚁的血。除了食物选择之外，这些入侵物种还高度关心它们占领宿主身体的哪一部分。某些物种几乎一生或全都住在宿主上颚，或住在宿主头、胸或腹部。螨的一整个类群（属于基马螨科）专门集中在蚂蚁的触角或基节（足的最上一节）上。对人类来说，忍受这种"客人"的访问，犹如你的耳朵上吊着一只吸血蝙蝠，或者有一条蛇缠在你大腿上。

但是，以我们的判断，其中最不寻常的寄生生物应属雷氏巨螯螨（*Macrocheles rettenmeyeri*），它专靠吸吮一种行军蚁——悦人游蚁（*Eciton dulcius*）的兵蚁后足血为生。这种螨接近蚂蚁足的一节大小，好比拖鞋大小的一条蚂蟥附着在人的脚底。然而，尽管这种螨粗鲁，但不会使宿主残疾。其整个身体可以作为兵蚁足的一部分，且兵蚁行走起来没有什么明显的不便。这还不是这种螨的全部，如同卡尔·雷滕迈耶尔（Carl Rettenmeyer，发现雷氏巨螯螨这一物种的美国蚁学家）所观察到的，休息时，兵蚁通过自己的足钩住另一只兵蚁的足或其他部位，可聚集在一起。当雷氏巨螯螨紧紧附着在兵蚁的足上时，它就让其后足替代了蚂蚁爪的作用。为了完成这一替代，每当一只兵蚁钩住另一只兵蚁时，这种螨就将自己的 4 对足弯成合适的弯度并严格到位，使两兵蚁紧连在一起。在雷滕迈耶尔看来，蚂蚁通过其爪连结在一起的行为与螨寄生在其后足的行为没有两样。

昆虫和其他节肢动物诈骗和抢劫的方式五花八门。一种极端方式，是由霍尔多布勒在德国研究过的、由欧洲一种狡诈的尼科耳蠹虫——光缘膨管虫（*Amphotis marginata*）所利用的，它很像被压扁的乌龟，是当地蚂蚁世界的"拦路抢劫犯"。白天，它们隐藏在亮毛蚁（*Lasius fuliginosus*）觅食路线的隐蔽处。晚上，它们沿着觅食路线来回巡逻，偶然停下，看到有返回巢的工蚁就实施食物抢劫。嗉囊里充满了液体食物的蚂蚁很容易受骗。光缘膨管虫用其类似棍棒的短触角敲击蚂蚁头部和下唇表面，这也是工蚁的信号，以诱导蚂蚁反哺液体食物。但是，在光缘膨管虫吸吮液体食物不久，蚂蚁就知道已经受骗，开始攻击诈骗者。这时的诈骗者实际上没有什么危险，只需把其足和触角缩到自己宽大的背壳下并扁平地伏在地上，借助于其足上特殊的毛，它们可紧贴地面，使蚂蚁不能把它们举起或翻过来。这些小小的狡诈昆虫只需要等待蚂蚁离开。蚂蚁离开后，它们又可从容地沿着蚂蚁的觅食路线寻找下一个受害者。

还有许多其他类型的捕食昆虫的捕食者都在蚂蚁的觅食路线附近定居下来，它们不是为了抢劫食物而是为了杀死路过的工蚁。然而它们很少用暴力来达到这一目的，因为蚂蚁有精良的螯或毒液，而且一般会成群活动，有能力进行反击扭转局面。所以，这些捕食者，在抓捕蚂蚁时为了不被发现和反击，就应用了一些很巧妙的技术。一种技术来源于由刺客蝽（assassin bug）——精结

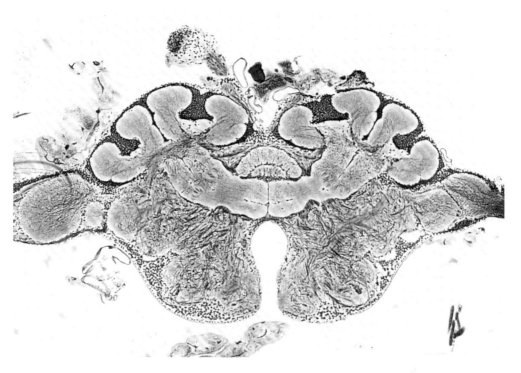

　　蚂蚁脑这个小器官极其复杂。这是木工蚁蚁后的脑横切面，在顶部显示出一些精细的"蘑菇体"，由加工和整合信息的神经系统致密团构成的特有配对结构。该脑具有精细的结构，足以允许蚂蚁学会一些简单的信息，诸如集群嗅迹和巢外某些地址的定位。（由马卢·奥贝迈耶做组织切片和拍摄）

在建立真菌园地加工植物原料的第一步中，塞氏美切叶蚁（*Atta sexdens*）的一只中等大小工蚁在巢外剪切一片叶。

上图：一中等大小的切叶蚁工蚁携带一新剪切的叶片返回其蚁巢。有时，切叶蚁小工蚁的若干成员会骑在叶片上。

下图：中等大小工蚁的主要作用是保护叶片携带者免受寄生蚤蝇的侵害。

两只中等大小的切叶蚁在协作剪切一嫩细枝，该嫩枝会被带回巢内，放入真菌园地。

　　在切叶蚁巢的内部，工蚁把植物碎片加工或在真菌园地基质上培养出松软的白色真菌——这一真菌是只能在蚂蚁巢内才能发现的一个物种。

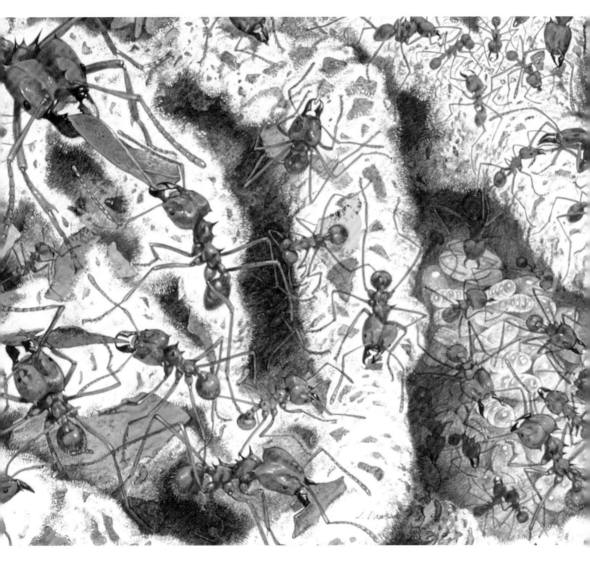

建立切叶蚁真菌园地和在园地上培养真菌的每一步，都是由特定的工蚁职别进行的，这些工蚁的不同之处包括大小和许多其他的解剖性状。（由约翰·道森画图，感谢美国国家地理学会。）

切叶蚁集群的蚁后（这里只显示真菌园地的一部分），与其工蚁（女儿）相比，显得十分巨大。

当切叶蚁集群达到一定规模时，就出现了兵蚁。在上图可看到一个兵蚁蛹被中等大小的工蚁姐姐包围着。注意，在蛹期可见大的上颚。下图所示的是一只成熟兵蚁。切叶蚁集群的兵蚁几乎所有特化都是为了防御。它们锋利的下颚，被充满其头部腔室的肌肉强有力地拉动而可以撕破皮革。

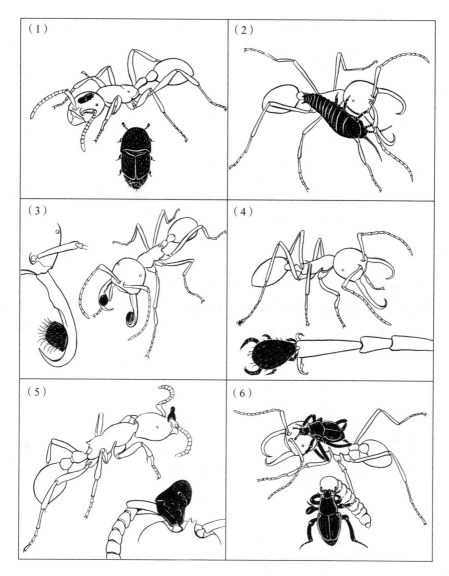

　　行军蚁的6种节肢动物"客人"（黑色标示），这里表示的是对下列宿主许多共生适应中的少数几种。（1）瓦氏鲎甲虫（*Paralimulodes wasmanni*）属于鲎类甲虫，它一生中的多数时间骑在宿主黑内游蚁（*Neivamyrmex nigrescens*）的工蚁身上。（2）曼氏蠹（*Trichatelura manni*）是一种尼科耳蠹虫，可刮破和舐食其宿主游蚁属各物种的身体分泌物并共享它们的猎物。（3）园钩螨（*Circocylliba* mite）属于特化物种，专门附在游蚁属各物种大工蚁上颚的内表面。（4）雷氏巨螯螨是螨类的另一物种，一般附着在如图显示的悦人游蚁工蚁"后足"末端的位置，成了工蚁的"附足"。（5）角骑士螨属（*Antennequesoma*）是螨类中高度特化的一属，专门附着在军工蚁触角的第一节（寄生在头部的节段）。（6）卡良甲虫（*Euxenister caroli*）为成年的布氏游蚁清理修饰和饲喂游蚁的幼虫。（由蒂丽德·福塞思绘图）

蜻（*Acanthapsis concinnula*）实施"披着羊皮的狼"的骗局。这种昆虫长着蜡烛芯样的长喙，折叠起来就如同一把袖珍刀的刀片，它们就在火蚁巢的周围捕猎食物。它能一次独立并擒获一只蚂蚁，这是通过其长喙喷射毒液使猎物不能动弹和吸取猎物的血实现的。然后，它举起皱缩的尸体放在自己背上并贴附在那儿。死者这个护身符是极好的伪装，看到自己巢伴的尸体，其他火蚁的工蚁甚至也会感到新奇。如果蚂蚁，像我们人类一样，举行电影招待会，那么恐怖片中的妖魔一定就是精结蜻了。

具有上述特质的一个对手是昆虫世界的一类恐怖分子，即另一种刺客蜻——赭土蜻（*Ptilocerus ochraceus*），它以在东南亚极为丰富的双瘤臭蚁（*Dolichoderus bituberculatus*）为食。它只是在蚂蚁所经过的路径内或路径旁等待，从其位于腹部下侧的腺体分泌出一种引诱剂，当蚂蚁靠近并开始舔食这一引诱剂时，赭土蜻就包围上当的蚂蚁，轻轻地折起其两只前足，并把其喙的顶端放入蚂蚁颈部后面。但这时它还不会刺蚂蚁，也不会用其足压蚂蚁。蚂蚁继续舔食引诱剂，几分钟后就被麻醉而显出疲态。当蚂蚁已完全无力时，就会全身倦缩并收起六足，这时赭土蜻就用喙刺它并吸吮它的血。因此，赭土蜻能够一只接一只地杀死蚂蚁，而不会被靠近的蚂蚁巢伴发觉。

像赭土蜻这样的刺客所利用的麻醉性化学物质，是绝大多数更复杂的捕食者和社会寄生虫在交战中的次要武器。这些侵略者的主要目标是蚁巢的抚育室，在那里，生活着蚁后和非成熟阶段的各种幼虫。这样的中心地区可提供大量食物，并且捕食者在那里也可找到现成的成堆脂肪、无助的幼虫和蛹。然而，抚育室是很难入侵的，因为那里有蚂蚁的严密防卫。抚育室是蚁巢组合的

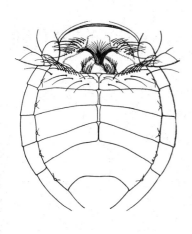 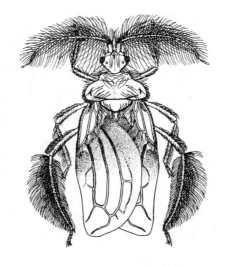 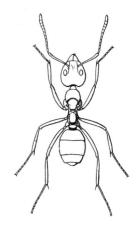

位于图中央的印尼食肉昆虫浅黄猎蝽（*Ptiloce-rus ochraceus*）以图右边的双瘤臭蚁（*Dolichoderus bituberculatus*）为食。图左是浅黄猎蝽腹部下表面，其下表面具有的特化刚毛可释放出引诱蚂蚁的麻醉剂。（根据 W. E. 奇纳的画修改而成）

中心总部，是蚁巢的诺克斯堡（Fort Knox）①。只有具有非常专业计谋的动物才有可能潜入如此重地，要在这儿活上几分钟就更困难了。

　　某些在进化上更为高级的隐翅虫（属于隐翅虫科）已经掌握了这种计谋。在它们之中，隐翅属（*Atemeles*）和袍边隐翅属（*Lomechusa*）的欧洲物种是最有名的"专家"。当霍尔多布勒还是个孩子的时候，他通过父亲的研究就知道了这些昆虫，又通过阅读著名的德国牧师兼昆虫学家埃里希·瓦斯曼的早期出版物知道了更多。霍尔多布勒在法兰克福大学当博士后助教时，便着手尽可能深入地探索隐翅虫活动规律。他首先证实，隐翅虫生活在蚁属蚂蚁的巢中，而这些大型的、富于攻击的红色和黑色蚂蚁，在整个欧洲也很普遍，某些隐翅虫物种有时也生活在蜜蚁属蚂蚁的

---

① 美国肯塔基州最大城市路易斯维尔市西南约 50 千米处的一个小镇，美联储金库所在地，所以是美国装甲力量最重要的军事基地，有 7 道电网围墙，全副武装保安，还有一道重约 24 吨的安全门。——译者注

在顶部，多栉蚁的一只工蚁在反哺柔毛隐翅虫的一只幼虫。在柔毛隐翅虫每体节的背表面都有成对的腺体，其释放出的气味可达到以假乱真的地步（即可使蚂蚁把异类认为同类）。在底部，一只柔毛隐翅虫在食其宿主多栉蚁的一只幼虫。

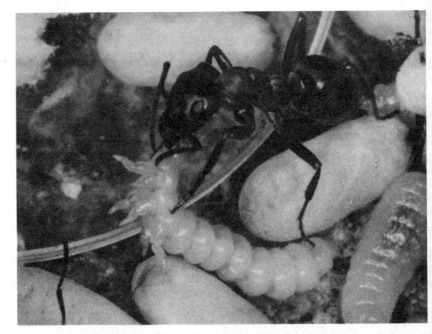

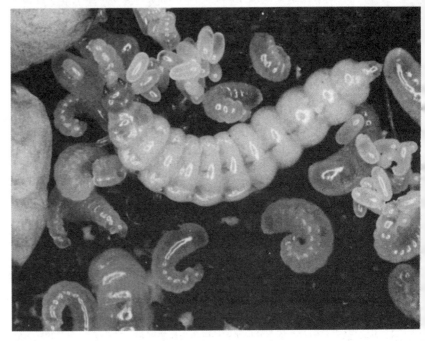

巢内，后者在欧洲也很普遍，但比蚁属的个体更小且更细长。

在隐翅虫中一个众所周知的例子是柔毛隐翅虫（*Atemeles pubicollis*）。在其幼虫阶段，生活在多栉蚁的蚁巢内。这些蚂蚁接纳柔毛隐翅虫的幼虫进入其巢室，并且对待这些幼虫优于自己的年轻子代。霍尔多布勒已经证明，这种拟态是通过机械和化学两种信号完成的。隐翅虫的幼虫，通过重复蚂蚁幼虫吃食物做的动作而获得食物。当一只路过的工蚁触及隐翅虫的幼虫时，该幼虫就高高耸起身体以与工蚁头部相触。如果成功了，下一步幼虫就用自己的嘴轻拍蚂蚁的下颚。这一程序基本与蚂蚁幼虫的相同，只不过更急切罢了。用放射性物质标记提供给蚂蚁集群的液体食物时，霍尔多布勒发现，集群成员吃后经过反哺可以测得食物流动的速度和方向，并且寄生幼虫可比宿主（蚂蚁）幼虫获得更多食物。基本上柔毛隐翅虫的行为很像布谷鸟——其幼鸟寄生在其他鸟类的巢内，这种行为使蚂蚁更加关照异种的成员。蚂蚁的这一失误造成了两大损失：不但损失了食物，还损失了幼虫，因为这些隐翅虫也吃蚂蚁的幼虫。这些寄生的隐翅虫之所以不会完全捣毁蚂蚁的整个集群，只是因为它们还是同类相食的动物：当它们的数量多到足以相互接触时，就彼此相食了。

蚂蚁的工蚁也会用其湿润的舌头为寄生的隐翅虫清洗身体，其动作与清洗其自己的幼虫完全一样。显然，隐翅虫散发出化学吸引物与覆盖在蚂蚁幼虫上的吸引物是相似的。为了检验这一假说是否正确，霍尔多布勒采用了检验化学信号的一个经典试验。他用虫胶包埋新杀死的隐翅虫的幼虫，以防止释放出分泌物；然后，他把这具尸体放在多栉蚁巢外的入口处，并且在其旁边放置一只新杀死但未作其他处理的隐翅虫的幼虫以作对照。蚂蚁很快就携带对照幼虫进入抚育室，仿佛后者还活着（注意，蚂蚁是根据尸体分解产物的气味识别尸体的，而这种分解产物的气味可存积若干天）。相反，被包埋的试验幼虫却被投入垃圾堆。甚至如果试验样本个体被包埋的胶部分脱落，蚂蚁仍会把这样的样本带进抚育室。当从另一方向着手研究这一问题时，霍尔多布勒用溶剂提取隐翅虫幼虫的全部或几乎全部分泌物，则这些幼虫对蚂蚁就不再有吸引力。当把提取的分泌液放回到这些幼虫身上时，这些幼虫对蚂蚁又有吸引力了。最后，当他把提取的分泌液浸入纸的仿制物时，仿制物也被蚂蚁带入抚育室。显然，对成体蚂蚁来说，蚂蚁幼虫的识别性状，在本质上是化学信号，而流浪的隐翅虫已经破译了这种（化学）密码。

隐翅属的隐翅虫与蚂蚁有两个家：一个在夏季，一个在冬季。在蚁属巢，当隐翅虫的幼虫已经化蛹和孵化出来后，成体隐翅虫在秋季就迁出到蜜蚁属的巢。这一明显迁移行为的原因是：蜜蚁属集群在整个冬季都拥有幼虫和食物供应，而蚁属集群在冬季暂停饲养幼虫。在蜜蚁属巢内，隐翅虫的性腺仍未成熟，可以自己取食，到春天性成熟后就返回蚁属巢，在那里交配和产卵。因此，隐翅属的隐翅虫和蚁属以及蜜蚁属蚂蚁的生活周期和行为，是以如下方式取得同步的：在社会生活中，隐翅虫可从某宿主的两蚂蚁物种中取得最大利益。在迁移期间，隐翅虫必须做好两件工作：第一，它们必须每次确定要迁入的巢；第二，必须考虑在不同的环境中如何得到继养的问题。为了做到这些，它们依次执行如下四个步骤：第一，一只隐翅虫用其触角轻轻敲击一只工蚁的头；第二，它抬高腹部末端对准这只工蚁。腹部末端含有安抚腺，其分泌物即刻可被这只工蚁舔食，以抑制其攻击行为；第三，该工

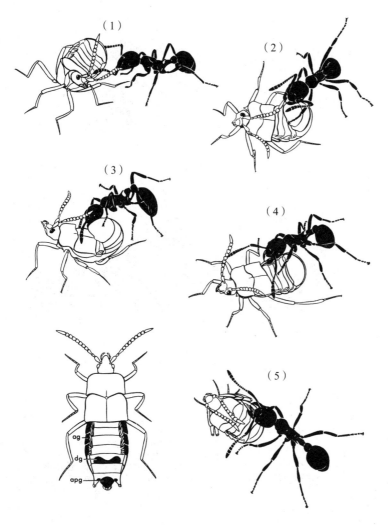

欧洲隐翅虫——柔毛隐翅虫被其宿主蚂蚁蜜蚁属的一个物种继养。左下图显示该寄生隐翅虫腹部三个主要腺体的位置：继养腺（ag）、防御腺（dg）和安抚腺（apg）。当一蜜蚁属的一只工蚁接近一隐翅虫时，后者将其安抚腺靠近它（1）。工蚁舔（安抚腺）后，安抚腺打开（2）；工蚁在周围移动，以舔继养腺（3，4）；在这之后，工蚁携带这只隐翅虫进入蚁巢（5）。（由蒂丽德·福塞思画图）

适蚁隐翅虫（或欧洲隐翅虫）——柔毛隐翅虫的乞食行为。隐翅虫利用其触角轻拍一只宿主工蚁，后者转向前者（上图）。然后隐翅虫用前足轻拍工蚁嘴部（中图），引起工蚁反哺液体食物给隐翅虫（下图）。（由蒂丽德·福塞思画图）

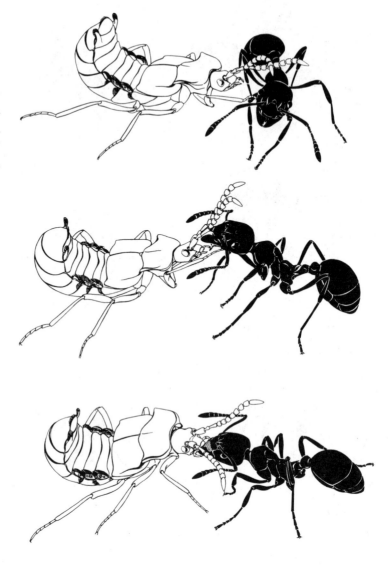

蚁被吸引到第二个系列的腺体处（位于隐翅虫腹部的两侧）。隐翅虫降低其腹部，以让该工蚁能与这部分接触。第四，这些腺体的开口外由刚毛包围，工蚁抓住这些刚毛并以此作为抓手把这只隐翅虫带进抚育室。

霍尔多布勒发现，隐翅虫要想成功被继养，这些腺体的分泌物是必不可少的，因此他称这些腺体为"继养腺"。也就是说，隐翅虫的接收（继养），与其幼虫的接收（继养）一样，都依赖于化学通信，特别是依赖于能够模拟这些信息素的某些物质，而这些物质又是由非成熟蚂蚁（如幼虫）分泌出来的。在蚁巢内，隐翅虫住在其宿主的抚育室内，吃蚂蚁幼虫和蛹，也通过模拟蚂蚁的乞食信号从成体蚂蚁乞讨食物。

炫耀、奴役、破译、设圈套、伪装、行乞、木马战术、拦路抢劫、借巢孵蛋，所有这些花招在蚂蚁、捕食者和危害宿主的社会寄生者中都存在。这样一些词汇和术语看起来过于拟人化——把蚂蚁和与其有关的生物都转变成人了，但事实可能并非如此。因为同样的可能是，在地球上或者甚至在宇宙中，许多有利于进化的社会进程就是这样的，所以我们在这里已经详述的现象，就是在某处发生的一些不可避免的自然类型所导致的现象。

第十一章　营养共生

　　凡有蚂蚁的地方，你就可看到各蚂蚁物种与植食性昆虫间的营养共生关系。蚜虫、蚧壳虫、粉蚧、角蝉和鳞翅目蝴蝶（俗称"兰蝶"和"蚬蝶"）会把糖分泌液给蚂蚁为食；作为回报，蚂蚁保护这些昆虫免受敌害。还不只如此，蚂蚁还会用纸屑或泥土做成隔断作为这些昆虫的居所，有时还把这些昆虫引入自家巢作为集群的真正成员。

　　这种共生被称为营养共生。营养共生已经被证明是陆地生态系统历史中最成功的系统之一。在这一系统中，蚂蚁及其共生者在数量上都占有极大优势。

　　在北温带地区，蚂蚁的营养共生者，最丰富、最被人熟悉的就是蚜虫。几乎在每一园地或野外的花草丛中，你都能发现蚂蚁和蚜虫生活在一起。如果你发现了这一情景并观察数分钟，就会看到：一只工蚁接近一只蚜虫，并用其触角或前足轻轻地触碰蚜虫。作为回应，蚜虫从其肛门排出一滴糖液，蚂蚁随即舔食这滴蜜露（昆虫学家对蚜虫排泄物的委婉用语）。工蚁一个个地接触蚜虫，并以同样方式舔食蚜虫的蜜露，直至其腹部充满了蜜露为止。然后，工蚁返回巢，反哺一些蜜露给巢伴。

　　工蚁所获得的这些蜜露小滴，不仅富有吸引力而且还极富营养价值。蚜虫吸食植物韧皮部的汁液时，是通过汁液压力和食窦

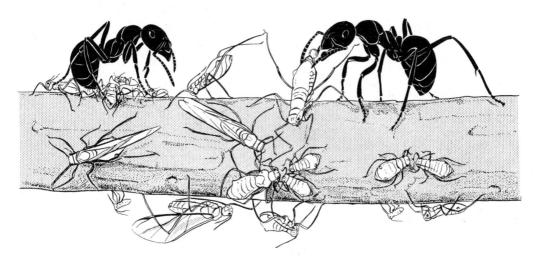

欧洲多栉蚁跟随着栎
蚜（*Lachnus robaris*）。（由
蒂丽德·福塞思画图）

肌泵吸力的双重作用，使汁液经过针状喙吸入体内的，这样它们
就获得了所需的全套营养物质。但是，它们并不会把这样收集来
的食物全部用完，某些营养物质含有糖、游离的氨基酸、蛋白质、
无机盐和维生素，会被当作废物经过蚜虫的肠和肛门排出体外。
在经过蚜虫消化道的过程中，这些液体食物发生了化学变化：其
中一部分被吸收，而其他的转变成新的化合物，还有一部分从蚜
虫组织中添加成分。对柳结瘤蚜（*Tuberolachnus salignus*）的检测
表明，多达一半的游离氨基酸被蚜虫肠子吸收了，其余的废弃了。
在少数情况下，蚜虫的蜜露中还有一些原来没有的氨基酸。经证明，
这些氨基酸是蚜虫提供给蚂蚁的新陈代谢产物。

蜜露干重的 90%～95% 是由糖组成的，对人类来说其中多数
都具有甜味。蜜露中各种糖的混合物（各种糖的类型和浓度依蚜
虫的物种而定）由不同量的果糖、葡萄糖、蔗糖、海藻糖和较多
的低聚糖组成。海藻糖——昆虫的天然血糖，在典型的蜜露中占

总糖量的 35%。蜜露糖中也含有两种三糖，果实麦芽糖和松三糖，而后者占总糖量的 40%～50%。蜜露除上述的糖和微量的其他几种糖外，还含有一些有机酸、维生素和无机盐。

为蚂蚁提供类似营养物的还有同翅目其他类型的食植性昆虫，其中包括蚧壳虫（蚧壳虫科成员）、粉蚧（粉蚧科）、木跳虱（木虱科）、角蝉（角蝉科）、叶蝉（叶蝉科）、沫蝉（沫蝉科）和光蝉（蜡蝉科）。其中许多昆虫很容易接近和开发研究，因此也易被普遍存在的蚂蚁跟随。一天，在新几内亚，威尔逊在路边等车时，看到一些"乳色"的大介壳虫被一些蚂蚁包围着，他只是用其头上的几根头发触及介壳虫来模拟蚂蚁用触角触及它，发现如此被诱发出来的排泄液，经检测是甜的。这对野外工作的博物学家来说，既消磨了空闲时间，又增加了见识和快乐。

同翅目昆虫产生的蜜露是它们送给蚂蚁的一份厚礼，只要蚂蚁爬上树或在树下就可得到。大多数蜜露只是作为一般的废料被丢弃。但是，不管利用与否，地球上由同翅目排泄的蜜露总量是惊人的。瘤大蚜属（*Tuberolachnus*）的蚜虫每小时排泄约 7 滴蜜露，这个量已经超过了它本身的体重。有时，蜜露累积的量很大，足以供人类利用。在澳大利亚，木虱蜜露（糖蜜）被土著人收集起来作为食物，一人一天约能收集 1.4 千克。现在还没有得到广泛认知的一个事实是：全世界人民消费的大多数蜜糖，来自蜜蜂从各种植物中采集来的蜂蜜。我们喜爱的食物之一，是经过其他昆虫肠道加工的昆虫排泄物。所以，毫不奇怪，蚂蚁也在广大范围内大量地收集所有类型的蜜露。其中许多物种（也许是大多数物种）收集到的是留在树上和地面的蜜露。但是，对蚂蚁来说，如此直接地从同翅目昆虫中获得蜜露，只是其进化过程的一小步。

这是一种明显的共生互惠性，在进化过程中许多蚂蚁及其共生者已经把这种互惠的适应性推到了极端。稍后我们要讲到的几种蚂蚁，已经到了与其共生者完全不能分开的程度，甚至把共生者当作家畜那样照料。对蚂蚁的许多共生者而言，为与蚂蚁生活在一起，它们已经适应了蚂蚁的结构和行为。与蚂蚁经常在一起的蚜虫，往往无能力抵御敌对者，它们具有小腹管，即腹后部的角形管，毒化物就从此处喷射出来。其身体也有一腊质保护层，但如果没有蚂蚁的照料，这层保护层就变得比较薄。其防御工作已经转让给它们强大的蚂蚁伙伴了。

不依赖蚂蚁生活的蚜虫物种，能迅速把蜜露排出体外。这一卫生措施可避免其排泄物沾在身上和长真菌（真菌在排泄物上生长繁茂）。相反，与蚂蚁共生的蚜虫并不像前述的蚜虫那样把蜜露排出体外，而是以蚂蚁方便吃到的方式排出——它们一次排出一滴并在腹部的肛门外停留一会儿。蚜虫许多物种在肛门附近有一簇刚毛，能使蜜露牢牢地附在那儿。如果有残留蜜露（没被蚂蚁吃完），蚜虫会重新收回腹内，以便再提供给蚂蚁。

因此，在进化过程中，蜜露已从纯粹的排泄物转换成有价值的交易品了。共生者蚜虫为蚂蚁提供这一服务又是为了什么呢？基本的答案是：它们的宿主蚂蚁为它们提供了极好的保护。蚂蚁赶跑了草蛉幼虫、甲虫和其他捕食者，这些捕食者潜行在草木植被中，如同羊群中的野狼那样屠杀着未被保护的同翅目昆虫。共生者群体蚜虫，在蚂蚁的严密保护之下壮大了。在某些情况下，它们的保护者会把它们带往别处，以提供更好的保护或更新的食源。

例如，美国玉米根蚜虫的卵，整个冬天都保存在新毛蚁集群的巢内。下年春天，工蚁把新孵化出的幼虫运到靠近其"食植"植物的根部。如果这些植物死了，蚂蚁就把这些幼虫移到未受损伤的植物根部系统处。在晚春和夏季，某些蚜虫长出翅飞去寻找新植物食源。蚜虫孵化出来并开始寻找食物时，可能会被碰巧在该领域定居的其他蚂蚁集群收养。我们完全可以说，新毛蚁的工蚁把它们的"客人"当成自己集群的成员对待，还把蚜虫的卵和自己的卵放在一起，当蚂蚁迁出搬入新巢时，会拾起蚜虫卵（若在温暖季节还有幼虫和成虫）小心翼翼地送往新巢。在任何时候，蚂蚁都会像保护自己的子代一样保护着蚜虫免受入侵者的侵害。

蚂蚁对作为巢伴的不同营养共生者的反应是不一样的。蚂蚁的某些行为像是专门满足其服务对象的需要。它们不仅携带营养共生者到其可能吃食的植物那里，而且还是其最喜欢吃食的植物那里，更正确地说，携带到其发育阶段中最喜欢吃食的植物那里。

更令人印象深刻的是，少数蚂蚁物种的蚁后，在其离巢婚飞时，还把蚧壳虫放入两上颚内。在婚飞交配和落到地面后，蚁后准备建立新蚁巢时，还适时地配有一个共生者母亲以提供蜜露。这一行为相当于人类购买一座家宅还送配一头怀孕奶牛，这种现象在苏门答腊属于条蚁属（*Cladomyrma*）的一个物种，以及在中国、欧洲和南美属于捷蚁属（*Acropyga*）的若干物种中存在。这一行为，还可能会在其他类型的蚂蚁中发现。

还有一种情况，营养共生者在迁移中通过乘免费车的方式帮助其宿主。这一行为已在爪哇杓粉蚧属（*Hippeococcus*）的小泪状粉蚧中观察到了，它作为营养共生者生活在臭蚁属（*Dolichoderus*）

爪哇杓粉蚧属的粉蚧骑在其宿主蚂蚁的背上逃离敌对者，去往安全地区。它们特化的长足和吸盘式的末节足适于这种逃离方式。这里显示三只粉蚧骑在长蚁属的一只工蚁背上。

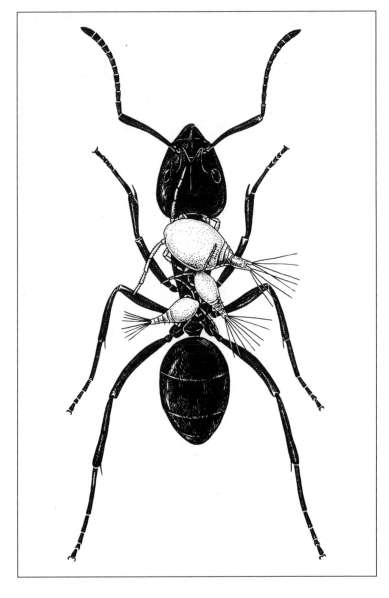

蚁的地下巢内。在蚂蚁的保护下，这些小泪状粉蚧以附近的树木和灌丛的枝条为食。当巢或觅食源受到干扰时，其中许多粉蚧会以一般的方式被工蚁带走；而剩余少数粉蚧，则骑在宿主身上安全抵达目的地。这些粉蚧很容易骑上宿主，因为它们有可以抓紧蚂蚁的长足和如同吸盘样的末节足。

　　某些蚂蚁物种的生活，已经完全离不开"昆虫奶牛"了。这个最终的特化水平，似乎已经由香茅蚁属那些具有小眼的、在营地下生活的蚂蚁完成了，这些蚂蚁遍布北美洲的整个寒温带地区。在捷蚁属中也有表现类似物理特化水平的物种，它们分布在世界上的热带和暖温带地区。蜜露可能是这些蚂蚁的唯一食源，它们通常在植物根部与粉蚧和其他同翅目昆虫群居在一起。但也有可能，这些蚂蚁通过吃某些昆虫而获得额外蛋白质。在非洲织叶蚁中，有人已经观察到共生蚧壳虫群体变小的情况，在试验中，共生者数量过多时，织叶蚁的工蚁就杀死一些蚧壳虫，直至其群体产生的蜜露足以供蚂蚁吃而不过量为止。

　　在20世纪80年代，乌利齐·马施维茨及其同事在马来西亚发现了最完全和最引人注目的营养共生现象。这是以前在蚂蚁中从未碰到过的一种生活方式，即真正的游牧生活或完全迁移集群。这些蚂蚁集群的蚂蚁如同跟牧场的奶牛生活在一起。这些蚂蚁生活完全依赖于奶牛，其生活方式与奶牛配合密切，并随着奶牛从一个牧场到另一个牧场。

　　上述蚂蚁就是在雨林树冠和灌木下层的栖息者——凸尖臭蚁（*Dolichoderus cuspidatus*）和该属的若干其他物种，而"奶牛"就是蚜粉蚧属（*Malaicoccus*）的粉蚧。粉蚧完全取食于树木韧皮部的液汁和灌木丛的枝叶。它们由蚂蚁携带到食源地，有些食源地离蚁巢20余米。蚁巢位于森林繁茂和叶片稠密的现成木穴洞中：工蚁基本上不会建造常规的巢室，只用自己的身体构成巢壁和巢腔（室）为内部成员提供永久住所，这点很像行军蚁。这些工蚁彼此依靠而创建出一个坚实的实体，为幼虫和粉蚧提供庇护。

这些营养共生者（粉蚧）被蚂蚁当作游牧集群的正式成员对待。成熟雌性（粉蚧）往往和蚂蚁的幼虫以及其他未成熟个体混在一起。粉蚧为胎生，从它们出生起一直到年轻时代都在上述的永久住所（由工蚁身体构成的安全心脏部分）内生活。游牧的臭蚁属的成熟集群有1个蚁后，超过10 000只工蚁，大约4 000只幼虫和蛹，以及5 000多只粉蚧。蚁巢和觅食地之间用浓浓的旅行嗅迹线连接起来。在这两地间来回运输共生者的工蚁十分忙碌，在任一给定时间内，约有10%的工蚁用其上颚载着粉蚧在嗅迹线上奔跑着。由于粉蚧喜食的带汁的嫩枝嫩叶消耗得很快，所以蚂蚁必须经常寻找新食源地，并把粉蚧运送到那儿。

当蚁巢和食源地间距离太远而难以运输时，臭蚁属集群就干脆把巢也建到新食源地。在迁出期间，幼虫和粉蚧以如下的方式进行运输：在嗅迹沿线每隔一定距离设置一些"仓库"，把"货物"（幼虫和粉蚧）沿着沿线逐一地向目的地移动，直至把整个集群都运到目的地为止。这种迁出不只是由食源缺乏引起，也可因突发的物理干扰或周围温度和湿度的变化而引起。迁出的时间没有规律性。在马施维茨和海因茨·黑内耳研究的集群中，迁出频率为15周一次，变动范围在0~2周。

在食源地，粉蚧总是由臭蚁属的工蚁照料，这样后者就可继续收获从粉蚧肛门排出的蜜露。蚂蚁对待收获活动非常积极，以至于这些小小的粉蚧几乎总被一层聚集的蚂蚁包围着。这些粉蚧时时刻刻都在排泄蜜露，蜜露在其长长的体毛上停留着，其停留位置恰好能让蚂蚁舔到。蜜露的排泄是自发的，不像少数已特化的营养共生者，粉蚧在排泄蜜露时无须等待蚂蚁的触角敲打其身体。

当觅食集聚体受到干扰时，作为"游牧民族"的蚂蚁和作为"奶牛"的粉蚧开始不安地移动起来。各粉蚧个体爬到工蚁的头顶。在干扰区，蚂蚁会把它们拖下来，对小小的粉蚧来说，蚂蚁只是把它们从站立或行走之地衔起来运走，这时，较大的粉蚧都会把身体摆成抬高姿势，显然是在邀请蚂蚁把它们抬起来。在运输期间，粉蚧保持不动，只是偶尔用触角轻轻地抚摸蚂蚁的头部。

马施维茨和黑内耳认为，游牧者蚂蚁决不会杀死粉蚧作食物。他们也没有发现，工蚁会远离巢去寻找昆虫猎物的证据。这些蚂蚁似乎完全依赖于其共生者粉蚧的蜜露。当把粉蚧从集群中抽走时，蚂蚁集群很快就衰败了。相应地，粉蚧如果从其蚂蚁巢中离开，也会很快灭亡。当马施维茨把粉蚧给其他类型蚂蚁作为潜在营养共生者时，这些粉蚧就会受到攻击并被带入巢内作为猎物处理。上述游牧蚂蚁和奶牛粉蚧之间的共生是一种全面的、牢不可破的联盟关系。

由蚂蚁保护所提供的礼物是如此慷慨和无所不在，以至于为进化的机会主义①构成了一扇开放的门。起初，进化选项似乎仅限于吃植物汁液的昆虫，即容易把某些所吃的植物汁液以糖排泄物的形式贡献给蚂蚁。如果这是真的，那么偏爱吃植物组织（而不

① 现代生物进化论认为，生物进化是随机的。这里说的机会主义说的就是进化的随机性。——译者注

细丝蚁的工蚁照料灰蝶（*Glaucopsyche lygdamus*）末期幼虫。上图显示的工蚁正在从幼虫蜜腺取液体食物。下图的工蚁用其上颚擒住一只进攻的寄生黄蜂以保卫一只幼虫。（由内奥米·皮尔斯拍摄）

是吃植物汁液）的昆虫所排出几乎都是纤维素的粪便，就绝不可能为蚂蚁提供营养食物，更不可能以此做交易形成营养共生关系。但是，达到营养共生的结果还有另一个非直接的方式。这一种非直接的方式已被某些灰蝶和蚬蝶的毛虫采纳。这些毛虫吃的是植物组织，但之后它们利用其中的某些营养和能量在特定的腺体内制造出蜜露。这些腺体已知有两类：分散在毛虫表面的一些叫作孔状圆顶腺的多孔结构，显然其分泌的物质是可以吸引蚂蚁工蚁的；在毛虫背部（身体的最后部分）是纽科默氏腺（Newcomer's gland），有的人称为蜜腺，可以分泌一种蚂蚁喜欢吃的甜液。有一个欧洲物种西班牙小蝴蝶（*Lysandra hispana*），其纽科默氏腺或蜜腺可以分泌大量的果糖、蔗糖、海藻糖和葡萄糖以及少量的蛋白质和单个氨基酸——蛋氨酸（也称甲硫氨酸）。澳大利亚物种漫游灰蝶（*Jalmenus evagoras*），也可以产生糖的混合物和至少 14 种氨基酸，其中含量最高的丝氨酸，其浓度要比植物产蜜器官中的高得多。

因此，灰蝶的毛虫向照料它们的蚂蚁提供了接近平衡的食物。而蚂蚁保护毛虫免受敌害，这些敌害包括以毛虫为食的蚂蚁和肉食类黄蜂、在它们体表和体内产卵的寄生蝇和寄生黄蜂。在科罗拉多州，由娜奥米·皮尔斯（Naomi Pierce）和她的同事做的一个试验，显然证明了通过共生可提供适应边界的情况。在野外进行的试验中，当把灰蝶幼虫的类群与照料它们的蚂蚁隔离时，它们的成活率仅为对照幼虫的 10%~25%（对照的幼虫有蚂蚁照料）。

在蝴蝶进化过程中，与蚂蚁共生的有利性足以形成一个巨大的驱动选择力。许多灰蝶物种的成年雌蝶，在产卵前都要寻找有特定蚂蚁物种栖息的植物，这样可使它们的子代从一开始就得到照料。这种寻找有时是必要的，皮尔斯和她的同事发现，澳大利亚有一种灰蝶，即漫游灰蝶，在没有蚂蚁照料的情况下，受到捕食者和寄生虫的危害非常严重，以至于成活率很低。除了提供保护外，蚂蚁还可缩短毛虫发育所需要的时间，因此缩短了幼虫暴露给敌害的时间。但是，上述蚂蚁给蝴蝶的好处并非全是免费的。毛虫在分泌糖液（蚂蚁的食物）时所消耗的能量很高，使得发育到成年蝴蝶的体型变小了，成体的大小对吸引配偶和雌性的产卵量很重要。然而蚂蚁的保护对蝴蝶的生存又是如此重要，以至于在进化过程中蝴蝶必须对这些不利性加以权衡。权衡结果就是，蝴蝶果断接受了营养共生这一互利关系。

蚂蚁从灰蝶毛虫处获得的食物绝非仅仅是偶然的补给。在德国，康拉德·菲德勒和乌利齐·马施维茨已经做了科氏皮眼灰蝶（*Polyommatus coridon*）的毛虫对蚂蚁食物贡献率的实验，照料这种灰蝶的蚂蚁是欧洲铺道蚁，也是美国家庭中常见的害虫。他们的实验表明，一个典型的毛虫群体，每月在每平方米的植被上能产出 70~140 毫克糖，含有的化学能为 1.1~2.2 千焦耳。这个量足以满足蚂蚁一个集群的需要（这个小集群是指在不超过 10 平方米的范围内，工蚁采集的蜜露量所能养活的集群）。

进化中的一般规律是：一件好的事情（上述的例子是互利共生）最终会被这个或那个物种滥用。某些大蓝蝶物种已经进化成哄骗和剥削蚂蚁的残忍魔鬼。它们不仅受到蚂蚁的保护，而且还吃蚂蚁的幼虫。北欧和亚洲的大蓝蝶就是以这样的寄生形式生存的。在末幼期前，其毛虫以野生麝香草为食；末幼期后的毛虫从草上爬下到地面上，并隐藏在草丛中，直至普通蚂蚁多砂蚁（*Myrmica sabuleti*）的工蚁发现它为止。工蚁用触角强烈地触动毛

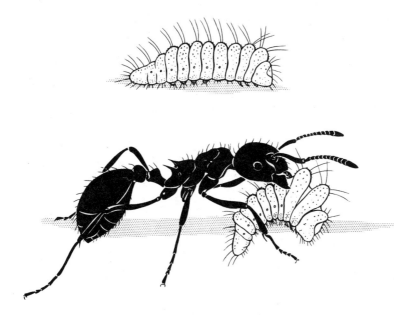

大蓝蝶（*Maculinea ar-ion*）的继养过程。上图的幼虫在等候宿主蚂蚁，且仍保持着大蓝蝶幼虫的典型形状。下图，一只蚁属工蚁在吸大蓝蝶幼虫的糖分泌液，然后幼虫隆起其身体以让蚂蚁携带回巢。（蒂丽德·福塞思绘图）

虫，作为回应，毛虫从其蜜腺器官释放出分泌物。然后，毛虫奇异地改变其体形——缩进其头，膨大其胸和收缩其腹节，呈现出一种胸大腹小的模样。显然，这种形式是在对工蚁发出信号：我毛虫本身可能会、也可能不会释放出分泌物与你成为共生关系。

不管上述这些关键刺激的确切本质是什么（尚待生物学家确定），现在蚂蚁还是抬起这只毛虫并将之带进了蚁巢。毛虫一旦在蚁巢的抚育室居住下来，就可度过冬天。等到春天，毛虫就转变成肉食动物，大量吞食蚂蚁幼虫。毛虫成熟时，在巢内化成蛹。最后，在7月，它成为一只具翅蝴蝶，又开始新一轮的生活周期。

贪婪的大蓝蝶还不止于上述简单的掠夺。某些物种会干扰蚂蚁和蚜虫、蚧壳虫以及其他同翅目昆虫之间的共生关系，锉灰蝶属（*Allotinus*）的一些物种在炎热的亚洲地区很普遍，它们有两种方式开发这一共生关系。成年蝴蝶飞落在上述同翅目昆虫中间，并以这些昆虫的蜜露为食，然后把卵产在附近。毛虫孵出后就猎食这些同翅目昆虫并吸取其蜜露。显然，这些毛虫对蚂蚁并未做出任何回报。然而不管怎样，也许通过绥靖政策①或者通过它们腺体的伪识别物质，受害者对毛虫胡作非为的行径已经免疫到无动于衷了。

---

① 一种对侵略不加抵制，姑息纵容，退让屈服，以牺牲别国为代价，同侵略者勾结和妥协的政策。——译者注

第十二章　行军蚁

现在是位于墨西哥科斯塔里卡的里奥莎拉皮基的黎明时刻。当清晨的阳光散射到雨林区的阴暗底层时，没有一丝微风去搅乱那湿润而清凉的空气。野鸽和小鸟在树冠层发出的、如同长笛声的鸣叫，宣告了黎明的降临，远处传来吼猴的噗噗声和吼叫声更确认了这一时刻的到来。栖息在树顶的动物，最先感受到阳光，呼叫着"白天开始了"从而进入活动的舞台中心；夜间活动的动物立即进入休息状态，退出了活动的舞台中心。

在一棵倾斜的倒树（树干的基部被一粗的支持物支撑着）下方，一个集群的行军蚁在移动着。它们是一群袭击蚁——布氏游蚁，是从墨西哥到巴拉奎热带森林最引人注目的一种蚂蚁。与多数其他蚂蚁不一样，这群袭击蚁不筑蚁巢。它们住在有部分遮掩的临时营地内，这一营地最早由行军蚁行为研究的先驱西奥多·施奈尔拉和卡尔·雷滕迈耳称为露营地。其中遮掩、保护蚁后和非成熟蚂蚁的大部分，是工蚁用身体筑起来的。休息时工蚁聚在一起，用它们强有力的钩状足尖彼此连接在一起就构筑了露营地。这些相互连接的链和网就形成了相互锁定的工蚁层，最后整个集群的工蚁就形成了一个直径约为 1 米的结实的圆柱体或椭圆体。基于此，施奈尔拉和雷滕迈耳把这一团处于休息状态的蚁群本身称为露营地。

50 万只工蚁构成一个露营地，蚂蚁总重 1 千克。露宿地的团

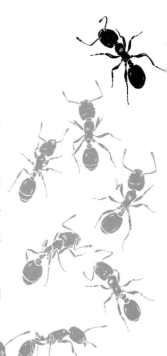

状圆柱（或椭团）体的中心有数千只白色幼虫和一只体重很重的母蚁后。在干旱季节的一个短时间内，会添加 1 000 只左右的雄蚁和若干只处女蚁后。但在非干旱季节和多数其他情况不存在雄蚁和处女蚁后。

当蚂蚁周围光的亮度超过 0.5 勒克斯时，上述的活圆柱体就开始解体。如果你靠近一些，会闻到这黑棕色的圆柱体排出较强的麝香味，还有些恶臭味。蚂蚁链和蚂蚁集聚体解散后，你能看到在地上滚成一团翻腾着的蚂蚁。当施加一定压力时，如同从烧杯中压出粘稠液体，这一团翻腾着的蚂蚁就向所有方向涌出。很快，这群蚂蚁就沿着阻力最小的路径形成了一支袭击队，并从露营地延伸而去。其先头部队以每小时 20 米的速度前进。这支袭击队没有指挥官，其中任何一员都能领队。在队列前面的若干工蚁前行数厘米后，就转回到队列最后，如此循环不断向新地域前进。工蚁到达新地域时，就从腹末端的臀板腺和后肠排出少量嗅迹物质，指引着其他蚂蚁。遇到猎物的工蚁还留下另外的募集嗅迹，以招募大量的巢伴到那个方向去。上述工蚁行为的总效应是创立了一个集聚体，其前沿部分仿佛是一个涡流丛生、千变万化的万花筒。

这只袭击队的后列部分很松散。这是由若干不同职别的工蚁在行为上的差异自动产生的：较小和中等大小的工蚁沿着化学嗅迹前进；而较大和较笨重的兵蚁，由于跟不上其巢伴的步伐，倾向于在前进路线的两侧行进。早期的观察者对这些兵蚁的侧行曾有一个错误结论：它们是这支袭击队的长官。如托马斯·贝尔特在其 1874 年的经典著作《尼加拉瓜博物学家》（*The Naturalist in Nicaragua*）所述："不管在袭击队列的哪一个位置，总有一位浅色的长官在跑前跑后地指挥着这支队伍。"实际上，这些兵蚁对

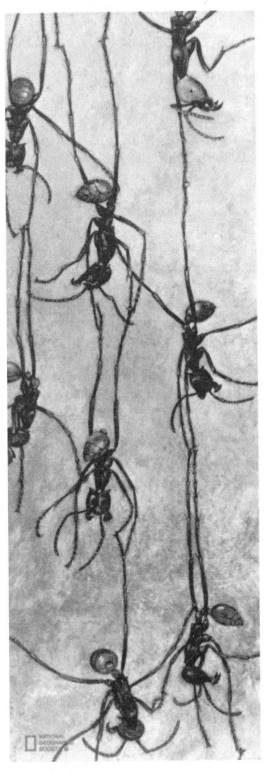

　　热带美洲行军蚁布氏游蚁的工蚁连接在一起，用自己身体形成庇护所。首先，数只蚂蚁选择离地面有一定空间的一块木头或其他的类似物；然后，从选择物离地面较低处开始，它们用钩状足尖彼此连接在一起；再后，其他蚂蚁沿着连接链加入其中而形成粗绳状，而最终结合成一大团的露营地。（由约翰·道森画图。感谢美国国家地理学会。）

其巢伴根本没有控制权。兵蚁体型大而且还有长长的镰刀形上颚，所以它们几乎毫无例外地起着保护巢伴的作用。小的和中等大小的工蚁，虽然具有短的钳状上颚，却是多面手，它们负责集群的日常工作和活动，还负责捕获和运输猎物、选择露营地和照料幼蚁、蚁后。

中等规模的行军蚁集群，也会结成小队来把大的猎物运回巢内。当蝗虫、狼蛛或其他猎物被杀死，单只工蚁难以运回巢时，就有一群工蚁在猎物周围。首先是一只工蚁试图搬动猎物，然后另外一只也试图搬运。有时是 2 只或 3 只联合起来共同搬运一个猎物。工蚁中体型最大型的一种蚂蚁，通常被称为"次大型"蚂蚁，可能会搬动或携带这样的猎物。此外，"次大型"蚂蚁可把猎物分割成若干部分后再搬回巢内。当一只大型蚂蚁在搬运猎物回巢时，更小的，多半是最小的巢伴会急冲冲地过来帮忙，更快地把猎物运回露营地。昆虫学家奈杰尔·弗兰克斯发现了上述行为，他在野外测量结果表明，行军蚁的这种团队的效率是"超级高的"。当猎物被分割后的部分仍不能被原有各成员携带时，经它们"超级有效的"能力便可解决这一问题。这种令人感到惊奇的结果，至少部分可通过其成员的团队具有克服猎物旋转力（这种旋转力使猎物转到道路的一侧，并脱离携带成员的控制）的能力加以解释——此时的团队成员围绕猎物进行排列，与此同时往一个方向前进，就能把猎物支撑起来，这样就能自动平衡并消除大部分猎物的旋转力了。

布氏游蚁，甚至相对行军蚁来说，有一个非同寻常的捕猎模式——它们不是以形成狭窄的队列行进的，而是以具有宽广前沿的扇形队列行进的。多数其他物种（在热带森林的同一广大地区有约

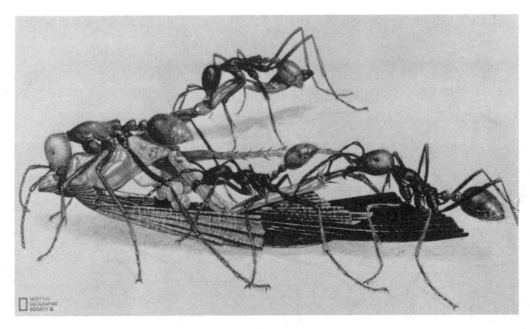

行军蚁——布氏游蚁的工蚁，在运输猎物期间所形成的队列。这里一只大的"次大型"工蚁（特化成具有运输功能这一职别的成员），一些较小的"小工蚁"在帮助搬运蟑螂部分尸体。（约翰·道森画图。感谢美国国家地理学会。）

10个或更多个物种共存）的行军蚁，在搜寻猎物时都是沿着狭窄的嗅迹形成纵队列，再不断分开和重聚而形成狭窄的树状模式。

　　如果你希望在中美洲或南美洲找到一群袭击者的蚂蚁集群，很值得一试的、能最快找到的方法是：在上午，一边静悄悄地缓慢步行到热带森林，一边静静地听着。在很长一段时间内你可能只听到从远处传来的鸟叫声和昆虫鸣声，声音几乎全来自林下植被和高大树木的树冠层。然后，像一个观察者所说的，听到了"蚁鸟"声，吱吱、吱喳和尖笛声。这些"蚁鸟"是特化了的类似鸫和鹪鹩的鸟，它们跟随着靠近地面的布氏游蚁（行军蚁）的袭击蚁，为的是捕食由行军蚁驱赶出来的昆虫。然后，你会听到盘旋在蚁群上空飞翔的寄生蝇的嗡嗡声，它们会偶然俯冲下来把卵产在逃逸猎物的背上。接着，你会听到无数猎物的嘈杂声和嘶嘶

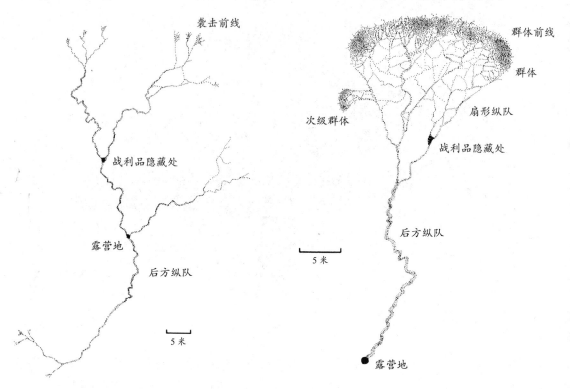

哈氏游蚁（Eciton hamatum）的纵队袭击模式

袭击前线

战利品隐藏处

露营地

后方纵队

5 米

布式游蚁的群体袭击模式

群体前线

群体

扇形纵队

战利品隐藏处

次级群体

后方纵队

5 米

露营地

　　行军蚁运用的两个基本袭击模式。左图是哈氏游蚁的一列袭击蚁，其沿阵地由若干小股工蚁组成。右图是布式游蚁独有的蚁群，其前沿阵地很宽，紧跟其后的是聚集成扇形面积的各小股工蚁列。（感谢卡尔·雷滕迈耶尔）

声，它们跑的跑、跳的跳、飞的飞，试图逃到前进中的袭击蚁的前头。仔细看这情景，你可在袭击蚁队伍前方边缘看到一些窄翅的透翅蝶在飞行，还不时地停下来捡食"蚁鸟"掉下来的食物。

紧随猎物和随从食客（如窄翅透翅蝶）之后的是破坏者袭击蚁。施奈拉尔写道："为了弄清布氏游蚁的袭击队在成群出行捕猎的情况，请描述一下宽 15 米（或更宽些）和长 1~2 米的矩形体[①]吧，这里有数以万计的奔忙着的浅红黑色的布氏游蚁，这群蚂蚁作为整体宽宽地沿着一条相当直的路径往前走。当黎明时刻降临时，袭击队的行动并没有特定方向。但随后其中一部分队列的成员快速确定了方向，其他呈辐射状展开的队列随即消失（由于其成员加入了确定方向的队列）。此后，这一不断壮大的袭击队，通过来自露营地方向替换到各（袭击队）后列蚂蚁的方式，适当地保持了其开始方向。袭击队在一个主要方向上的稳步前进（通常在两侧中的任何一侧不超过 15° 的偏离）表明，袭击队具有一定程度的内部组织工作，但也时常发生忙乱和混淆的情况。"[②]

几乎没有什么动物（不管是大的还是小的）能阻挡布氏游蚁，即行军蚁的袭击。任何生物，只要其大小足以让行军蚁夹住，必然不是被吓跑就是被杀死，而其他蚂蚁集群会被其一扫而光，遭此下场的还有蜘蛛、蝎子、甲壳虫、蟑螂、蝗虫和其他许多节肢动物。行军蚁用刺螯捕获的猎物并将其撕裂成节段，然后沿着袭击队列把猎物运到后方的露营地，不久就将吃掉了。有少数节肢动物，其中包括扁虱和竹节虫，能用覆盖其身体的排斥分泌液保护自己。白蚁最为安全，因为它们有用木料和粪便筑起的堡垒式

---

① 由于地面高低不平，所以构成的是矩形体。——译者注

② Report of the Smithsonian Institution for 1955(1956), pp. 379-406.——原书注

的巢，且在巢入口处有特化的兵蚁把守，这些兵蚁有锋利的爪和喷射毒素的管状嘴。但是，对大多数节肢动物来说，这一群群的袭击蚁是热带森林中不可抗拒的、超个体残忍恶魔。

到了中午，袭击队工蚁的主要流向发生逆转，开始向露营地方向流动。凡它们所到之处，昆虫和其他的小动物基本都被清扫了。袭击蚁仿佛察觉并记住了它们对环境的影响，第二天早晨它们又往新方向袭击。但如果它们在一个露营地居住长达3周，在它们容易到达的地域内，猎物会减少。解决这一问题的简单办法，就是到离原露营地100米左右处建立新的露营地。

看到上述这些迁出情况，热带环境的早期观察者得出了合理的结论：当周围环境食物耗尽时，行军蚁集群就改换其露营地。看来，饥饿是换露营地的决定因素。但是，在20世纪30年代，施奈尔拉发现，行军蚁更换露营地主要不是因饥饿引起的，而是在某种程度上由集群内部的自动变化引起的。不管周围环境的食物是丰富还是缺乏，行军蚁都会改换露营地。通过在巴拿马森林地区一日复一日地跟踪布氏游蚁集群，施奈尔拉发现，这些蚂蚁在静息期，每一集群在同一露营地居住2~3周；在游牧期每一集群在同一露营地也是居住2~3周；在静息期和游牧期更替时，每一集群在同一露营地还是居住2~3周。蚂蚁集群的这一周期性循环是由其繁殖过程的内部动力学驱动的。集群进入静息期后，蚁后卵巢迅速发育，在一周内其腹部因约有6万枚卵而显得膨大，这就构成了大量的第一批"子代"；然后，在约静息期的中期，蚁后经若干天惊人的"劳动"产下10万~30万枚卵；到静息期第3周即最后一个周末，蠕动的幼虫从卵孵化而出。若干天后，上一世代新成熟的工蚁脱去其蛹皮，破茧而出。数以万计的新成熟工蚁的

　　欧洲蚂蚁中的奴役和抢劫现象。在此图片中，（红）亚马孙蚁入侵细丝蚁蚁巢以俘获具有茧的蛹。某些黑色的保卫蚁已经拾起部分幼蚁（如蛹）准备逃离。它们几乎没有机会逃离亚马孙工蚁，因亚马孙工蚁具有镰刀形上颚能够轻易撕断猎物身体。（由约翰·道森画图，感谢美国国家地理学会。）

　　扁平的"拦路抢劫甲壳虫"——光缘膨管虫（*Amphotis marginata*），在欧洲蚂蚁亮毛蚁（*Lasius fuliginosus*）的嗅迹路径上。在左边突出位置，一只甲壳虫在向一只满载食物的觅食者乞求反哺。在右上方，一只蚂蚁在攻击一只甲壳虫，但由于甲壳虫有如甲鱼那样的壳保护，攻击效果甚微。（由约翰·道森画图，感谢美国国家地理学会。）

　　欧洲流浪甲壳虫——膨大型甲壳虫（*Lomechusa strumosa*）已完全融入到宿主蚂蚁社会。该情况中的宿主是嗜血蚁（*Fomica sanguinea*）。在图中，一只工蚁正在给一只膨大型甲壳虫的成虫喂食。而这只甲壳虫用其腹尖部提供的镇定分泌液在安抚另一只工蚁。

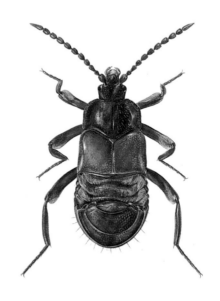

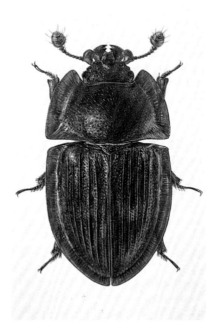

适蚁甲壳虫的多样性（未按比例画）：上左，齿形甲壳虫（*Dinara dentata*）；上右，膨大型甲壳虫（*Lomechusa strumosa*）；下左，蚧壳虫（*Claviger testaceus*）；下右，光缘膨管虫（*Amphotis marginata*）。（由蒂丽德·福塞思画图）

蚂蚁（宿主）和其同翅目昆虫"宾客"间的营养共生。同翅目昆虫从其肛门排出糖汁给蚂蚁，以换取蚂蚁的保护。上图：澳大利亚食肉蚁——紫蚁（*Iridomyrmex purpureus*）与一只正型叶蝉在一起。下图：非洲织叶蚁——长结织叶蚁（*Oecophylla longinoda*）与甲壳虫共同在蚂蚁树栖巢的成活树枝上生活。

上图，取自马来西亚织叶蚁——绿宝织叶蚁（*Oecophylla smaragdina*）在照料灰蝶（*Hypolycaena crylus*）的毛虫。毛虫从其背部的专一腺体分泌糖液提供给蚂蚁，相应地，蚂蚁保护毛虫免受敌害。下图，是一只成熟的灰蝶，具有模拟头的眼睛和其他有关性状痕迹的拟态。这一拟态，有助于逃跑时转移真正具有头身的捕食者。（由康拉德·菲德勒拍摄）

　　除了灰蝶类毛虫外，其他的蝶类与织叶蚁有关。这一同翅目毛虫（夜蛾科成员）在居蚁属（*Oecophylla*）蚂蚁的嗅迹路径上。这类毛虫一般不会受到蚂蚁攻击，但如果工蚁与其靠得太近，毛虫表现出明显的自卫姿态，如图中遇到非洲的长结织叶蚁的姿态。这些毛虫和蚂蚁的这一关系的本质尚不清楚。

马来西亚游牧蚁——瘤臭蚁（*Dolichoderus tuberifer*）的工蚁携带它们的粉蚧"奶牛"——科氏蚜粉蚧（*Malaicoccus khooi*）到一新牧场（上图）。这些游牧蚁不筑蚁巢。取以代之的是，用它们自己的身体成团地形成一个具有生命的住所（下图）。（由马丁·狄勒拍摄）

哈氏游蚁行军蚁的蚁
后。上图蚁后的上面有一
具镰刀形上颚的大型工蚁
伴随,该蚁后处于游牧期,
其腹部扁平,容易迁移。
下图蚁后处于静息期,其
腹部充满卵而难以迁移。

出现对原有老工蚁具有激励效应——集群活动的平均水平提高了，集群袭击的大小和强度也提高到相应程度。每天袭击完后，成长中的幼虫挨饿等食的阶段是集群的焦躁不安期。

这些袭击队，以及游蚁属所有其他行军蚁集群，都在日复一日地遵循着"相同的工作时钟"，进行着常规循环。这样的集群，为了自身的繁殖，是如何打破这一固有的常规循环的呢？集群这种固有的生活方式并不易打破，但集群繁殖还是如期发生了。繁殖是一个复杂且预先设定好的一个程序化过程。与大多数其他类型的蚂蚁不一样，行军蚁集群不易建立在大量繁殖的基础上，也不易建立在释放有翅蚁后和有翅雄蚁举行婚飞的基础上。一个新生集群必须从大量工蚁扶持一个蚁后开始。为了满足这一基本要求，集群必须产生少数的处女蚁后，并在未离开母集群时进行交配。然后，这些蚁后中的一个，带领着集群内的一些工蚁（行军蚁）分离出来建立属于这只蚁后的新集群。这一新集群产生的过程，对原集群的"忠诚度"进行了根本改组——有些工蚁跟着新蚁后走了，有些工蚁仍留在其母蚁后集群中。

在一年的多数时间里，母蚁后对工蚁最富有吸引力。作为集群的焦点，母蚁后把工蚁聚集在一起。但是，在每年干旱季节早期，通过有性繁殖的幼蚁出现时，情况就发生了改变。哈氏游蚁（已经对该物种的繁殖情况进行了仔细研究）行军蚁的袭击队，通过有性繁殖产生的幼蚁中约有 1 500 只雄蚁和 6 只蚁后。这些雄蚁飞离而进入其他集群的露营地。在那里，它们和原有工蚁相处，并准备和那里的处女蚁后交配，这样就避免了兄妹乱伦。

集群分裂阶段的建立，实现了杂交受精。一个集群在进行下一次迁出（集群分裂）时，会有一支由工蚁组成的行军蚁带着一

个老母蚁后进入新露营地；另一支行军蚁带着一只处女蚁后进入
另一个新露营地。原集群其余的蚁后随后离开，且封住出口以防
止原选择留下跟随这些蚁后的一些工蚁外出。由于缺少食物和不
能应对敌人，它们及其随从不久就死亡了。在数天内，这只成功
的处女蚁后与来访雄蚁中的一只交配。然后这两个集群——母集
群和子集群就各走各的路，不再来往。

　　游蚁属已知的 12 个物种，其中包括（扇形）群聚袭击的布氏
游蚁和纵列袭击的哈氏游蚁，都是在南美洲热带地区数千万年以
前开始的进化倾向的延伸。昆虫学家同样感兴趣的，但一般很不
知名的是内游蚁属（*Neivamyrmex*）的小型行军蚁，它们分布在
从阿根廷到美国的西南部地区。在家院和空地上，其集群由数以
万计的工蚁组成，用与游蚁属掠夺者相同的方式进行袭击、从一
露营地迁至另一露营地并通过分裂集群的方式繁殖。由于它们就
生活在人们的脚下，所以当地人几乎没注意过它们的存在。16 岁
的威尔逊在那时就已经喜欢上蚂蚁生物学了，并在靠近亚拉马州
迪凯特镇的自家屋后发现了小黑内游蚁的一个集群。他观察了集
群数天：它们从一个地方到另一个地方漫游，沿着院子后护栏出
没于草丛中，进入一邻居的花园，后来在一个阴云密布的下雨天，
横穿过街道进入了另一邻居的住地就消失了。在杂草丛生的树林
中做这样一些观察是令人兴奋的，但要把这些军团式的（游牧式
的）物种与普通的、不太爱活动的物种区分开来，却要有些耐心，
因为后者的巢坚固地筑在园地的岩石下或筑在开阔地带草丛的土
堆中。两年后，在亚拉巴马大学校园附近，威尔逊发现了另外两
个集群。他利用这两个集群进行了首次科学研究，并得到了一个
研究结果：一个小型甲虫骑在小黑内游蚁工蚁背上，以工蚁的油

脂分泌物为食。

在非洲，进化上的第二次爆发出现了令人畏惧的矛蚁属的矛蚁，这个我们以蚂蚁集群作为超个体的例子在前面已经介绍过了。在非洲和亚洲，进化上的第三次爆发出现了双节行军蚁属（Aenictus），与内游蚁属的小行军蚁极为相似。这些军团式蚂蚁的行为和生活周期基本上与美洲的同类蚂蚁差不多。然而，这三个进化支——旧大陆的矛蚁属支和双节行军蚁属支，新大陆的游蚁属和内游蚁属支，其中每一支都代表着一种独立进化产物。至少这是美国昆虫学家 W. 戈特瓦尔（他对这三支蚂蚁的解剖学结构进行了最新研究）的观点，他的结论是：这三支的相似性是由于进化上的趋同，而不是由于有共同的祖先。

除了这一特定类型组成袭击队的行军蚁外，其他类型的蚂蚁行为也在某些程度上进化（或特化）出行军蚁的行为。这种特化的发生非常频繁并带来很多概念上的混乱，以至于超出了原来"行军蚁"这一术语的真正含义。因此，这里需要一个更规范的定义，该定义应是基于其集群做了什么，而不是基于其成员的解剖学结构是什么。简言之，行军蚁是属于这样一个物种的蚂蚁：其集群有规律地更换巢址；工蚁以紧凑的、组织良好的类群到从未开发过的地域觅食。

因此，单从功能意义上说，凡在世界上较温暖的地方，独立于祖先的行军蚁都可能存在。其中最极端的一些形式出现在细蚁属的蚂蚁中，这个属连同旧大陆几个其他属构成了整个细蚁亚科。细蚁属的工蚁属于最小型蚂蚁，小到难以用肉眼看清。细蚁亚科的物种也属于世界稀有物种，尽管多年来在肯定适合这些蚂蚁生存的生境中进行过野外调查，但我们没有获得任何活的样本；威尔逊在澳大利亚斯旺河周围（这里 20 年前发现过新物种）专门寻找过它们，但没有成功。威廉·布朗可能是考察最广、收集蚂蚁物种最多的人，在细蚁属发生之地搜寻若干年，也仅发现了一个集群。他是在马来西亚的一块朽木底下发现的。当他在朽木表面看到它们时，先看到由一团小工蚁构成的膜状物在闪闪发光。布朗凝视了一会才意识到那是蚂蚁，经过更长时间才意识到这是一种细蚁。

一百多年以来，蚂蚁进化的主流观点认为，这个神秘的细蚁是行军蚁。至少它们的解剖结构与游蚁属和行军蚁属中较大的、无疑是行军蚁的解剖结构有些相似。但是长期以来，没有一个人能找到并研究一个集群，以检验上述观点是否正确。1987 年，当一个年轻的日本蚁学家益子庆一在日本的阔叶林中，采集到日本细蚁（*Leptanilla japonica*）这一物种至少 11 个完整的集群。他对集群做了归纳，每一集群约有 100 只工蚁，严格地在地下生活，这一生活习性有助于解释，细蚁为什么难以被发现。日本细蚁还有一个奇怪特性，即它们已经特化成吃蜈蚣的食肉动物。这是一条艰辛的谋生之路，有点像我们人类试图以虎为食那样艰辛。日本细蚁觅食者的觅食路线是：沿着一条从其巢口外到可怕的猎物（蜈蚣比其大许多倍）处的最近嗅迹线捕获猎物。但是，现还不清楚：是日本细蚁单个工蚁先侦察到蜈蚣的位置，然后再招募巢伴觅食呢，还是以行军蚁方式通过袭击队觅食。

细蚁也过游牧生活吗？在地下巢中的集群一定不是静息的，稍有骚动就会迁出。它们的反应之快暗示着，它们确实在本质上依行军蚁的方式以一定的频率间隔迁移，它们在解剖结构上也适应这样的迁移。工蚁的上颚具有特殊的延展性以利于携带幼虫。依此，幼虫身体的前部分具有突出部分，可用作工蚁抓住它的把柄而有利于迁移。

益子庆一在日本发现，在温暖季节，细蚁集群经历着与行军蚁同步生长的生活周期。存在幼虫阶段，集群总体处于饥饿状态；工蚁明显地到附近各处寻找其猎物蜈蚣。幼虫饱食蜈蚣而生长迅速。在这一阶段，蚁后腹部皱缩，不产卵。蚁后身体"苗条"时，在集群迁移期间它仍能随工蚁跑动。当幼虫生长到充分大小后，蚁后大量吞食幼虫血液，这血液是通过幼虫腹部特定器官制造和排出的。这种养尊处优式的生活使蚁后卵巢迅速长大，随即其腹部膨大直至类似于一个充满气的气球。然后在数天内产下一大批卵。约在同一时间，幼虫发育成不活动的蛹。随着蚁后再次处于相对不活跃状态，也无幼虫可喂，集群所需的食物就少了。集群停止捕食蜈蚣，不久后开始度过日本的冬季。次年春季，卵孵化成幼虫，集群的生活周期又重新开始。

行军蚁行为的另一个奇异变异，由美国昆虫学家马克·莫菲特（Mark Moffett）最近在亚洲抢劫蚁——全异聚首蚁（*Pheidologeton diversus*）中发现，该物种的集群巨大，由数十万只工蚁组成。与高等的游牧行军蚁不同，它们在一个巢内一次可住上数周或数月。然而，它们成群进行抢劫时，在很多方面又相似于非洲的矛蚁和热带美洲的布氏游蚁。

在全异聚首蚁中，集群的一群蚂蚁从一条主要嗅迹路径出发，而随后集群其他成员跟上时，抢劫活动就开始了。首先先头部队形成逐渐向外展开的一窄列，就像水流以每分钟20厘米的速度通过一水管往外流动一样，由管端的蚂蚁开始向其他蚂蚁的主要方向的两侧移动。这导致集群活动速度放慢，就像水从出水管口流到地面向两外侧散布那样。在少数情况中，这一散布会扩大成为一大的扇形抢劫队。在这一集群火热的前沿内，各蚂蚁在形如锥形网络的觅食队列中前后跑动。从前沿"漏斗"返回进入单一基础队列（作为先锋队列得到了加强）的那些蚂蚁，奋力向前，从而进入新领域。这样的袭击队，每队有数万只工蚁。有些袭击队离其出发地运行机制6米左右。从表面看，它们很像矛蚁和美洲的游蚁属蚂蚁的袭击队，但它们行军到一新领域要慢得多。

亚洲的抢劫蚁——全异聚首蚁，更像我们熟悉的矛蚁和美洲行军蚁，倚仗它们在数量上的绝对优势，能够征服体型大和战斗力强的猎物，大到包括青蛙在内。工蚁具有良好的协作能力，能携带大型猎物快速运回巢。工蚁捕捉猎物的能力，通过其复杂的职别系统得到了极大的增强。这些行军蚁，在已知蚂蚁物种中，工蚁大小的变化范围最大，最大的"超级大"，其体重是最小的巢

亚洲小型行军蚁日本
细蚁，利用袭击队攻击猎
物蜈蚣。当猎物被征服后，
工蚁携带如蛆样的幼虫到
猎物处，使幼虫能吃到它。
在上照片右上方，一只蚁
后用其触角在轻抚一幼虫。
在下照片，腹部充满卵的
一只蚁后被一群成长中的
幼虫围在中央，其上颚还
衔着一只幼虫。

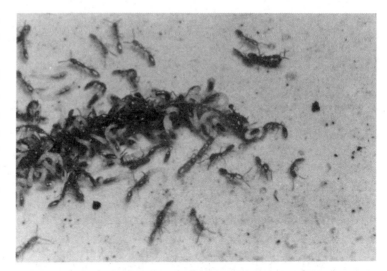

伴体重的 500 倍，并且具有与身体不成比例的巨型头。在这两个极端之间还有一些大小不同的类型。这种身体大小多样性，可使这些蚂蚁捕捉到大小不同的猎物。这些工蚁，工作时各行其职：最小的抢劫者负责驱赶土壤中普遍存在的跳蚤和其他的小型昆虫；其他一些较小的蚂蚁联合较大的巢伴赶出那些狂暴的白蚁、蜈蚣和其他大小相当的猎物；超大型蚂蚁用其强有力的颚给猎物致命一击。这一庞大的蚁群也起着集群"工作大象"的作用，它们推开或搬走前进路上的枝条和其他障碍物，以使其他的巢伴觅食者便于通行。

　　威尔逊在其早期职业生涯期间，在热带地区对蚂蚁进行了广泛调查，而且碰到了更多的行军蚁，他想知道这些蚂蚁行为的起源。这样一个极不寻常的、复杂的社会组织在进化中是如何起源的？根据自己和其他领域生物学家（如威廉·布朗）的观察，他把抢劫蚁呈现的部分行军蚁性状早期进化的证据，一点一滴地汇集在一起。

　　这些早期进化的证据呈现了一个令人信服的模式。他从群聚袭击的细节中发现了行军蚁进化的关键方向。早期作者反复指出，密集的类群蚂蚁（工蚁）在捕获猎物时要优于独居的工蚁。这一观测结论当然正确，但这只是证明了行军蚁早期进化的一部分。只有当观测到猎物被捕获的本质时，才能弄清类群抢劫队存在的另一个主要功能。脱离集群单独捕猎的多数蚂蚁只能捕捉到与自己同样大小或更小的猎物，由此可得出野生生物学更普遍的规律：独居捕食者，从蛙、蛇到鸟类、鼬鼠和猫，都是捕猎与它们大小相当或更小的动物。以类群为单位活动的蚂蚁，倾向于捕食大昆虫或捕食蚂蚁和其他社会昆虫的集群，捕食那些在正常情况下不能被单个女猎手^①捕食的猎物。它们翻转猎物，协力把猎物撕成碎片，就像狮子、狼和杀手鲸追捕超大型的哺乳动物一样。

许多类型的蚂蚁，以集团袭劫队的形式攻击大的独居昆虫、蚂蚁、黄蜂和白蚁。但它们不会像高级的行军蚁那样定期从一个巢址迁入另一巢址。这些物种的行为可作为行军蚁行为原因的早期阶段的例证。威尔逊比较了许多不同复杂程度的物种。然后，他重建了行军蚁的起源。

第一步，以前独自捕猎较小猎物的蚂蚁，很快发展出具有招募众多巢伴的能力。这群蚂蚁向着捕猎大型或身有盔甲的猎物（如甲虫幼虫、潮虫或蚂蚁、白蚁集群）方向特化。

第二步，类群抢劫成为自主行为。它不再需要先派侦察工蚁侦察猎物，然后再派侦察工蚁招募巢伴去捕获猎物。现在是一群工蚁同时从蚁巢出来，从侦察到捕获猎物都以类群为单位完成。这种更为先进的集体抢劫形式，使集群的侦察面更大并能更快发现猎物，以及在较难征服的猎物逃跑前征服它。

上述两步，不管是同时发生还是有先有后，它们都发展出了迁移行为。类群抢劫者的捕食有效性得到了改善，是由于大的昆虫和集群要比其他类型的猎物分布更广泛，还因为以类群为单位的捕食集群必须不断改变其搜索面积方能开发新食源。再加上有规律的迁移，有关物种在功能上就完全成了行军蚁。

灵活地变换猎物的供给，这就使得行军蚁集群有可能进化成大集群。某些蚂蚁物种的次要食源还包括一些较小的昆虫和其他

---

① 指工蚁，是雌性，因在蚁群中只有工蚁干活，其中包括觅食，故称工蚁为女猎手。——译者注

的节肢动物，以及非社会昆虫，甚至还包括蛙和少数其他的小脊椎动物。这是非洲聚群抢劫的矛蚁和美洲热带的布氏游蚁所达到的阶段，其集群实际上可袭击其面前的所有动物。我们有理由认为，这些热带地区的强大破坏行为，像大多数有机进化的伟大成就一样，是通过一系列的小步骤产生的。

第十三章　最奇怪的蚂蚁

在上亿年的进化史中，蚂蚁已经被动发展出了惊人的极端适应性。某些最特化形式已经超过了我们的想象，蚁学家在野外碰到它们时，发现竟与原来想象的大不一样。下面要讲的是由我们编制的一类蚂蚁寓言集，即我们亲身碰到过的、已经具有进化极端的那些蚂蚁故事。

我们的故事始于 1942 年，在亚拉巴马州莫比尔，紧邻威尔逊家的一块空地上。在长满杂草的院落的一边有一棵无花果树，每年夏季都结有可口的果实（莫比尔紧邻美洲亚热带地区）。这棵树下有一些无用家具、破玻璃瓶和瓦片。威尔逊在这些垃圾底下和周围寻找蚂蚁。威尔逊刚满 13 岁时，他决心要认识他能看到的所有蚂蚁物种。他吃惊地发现了一个蚂蚁物种，与他以前见到过的完全不同。该物种中等大小、身体细长、深棕色，并且行动十分敏捷。工蚁具有一对奇怪的细细的上颚，且不可思议地可张开到 180 度。当它们的巢受到干扰时，它们就到处跑动起来，同时张开上颚。威尔逊试图用手指把它们拾起时，它们猛合上颚，他就像掉进了微型捕熊陷阱并被紧紧夹住一样，蚂蚁上颚锋利的齿刺入了他的皮肤，几乎是同时，这些蚂蚁向前弯曲腹部并刺入令人疼痛的刺。这些蚂蚁攻击的欲望非常强烈，以至于它们许多都在空咬上颚而发出咔嗒的声音。威尔逊放弃了挖这个蚁巢和捕获

这个蚂蚁集群的打算。后来他知道上述发现的蚂蚁是岛生大齿猛蚁（*Odontomachus insularis*），而莫比尔这一地区是该物种分布的北部极限区。齿蚁属（*Odontomachus*）在世界热带地区有许多物种。

50 年后，霍尔多布勒在研究猛蚁亚科的捕食蚂蚁时，开始详细研究鲍氏大齿猛蚁（*Odontomachus bauri*），与上述威尔逊碰到的物种很相似。他和他在维尔茨堡大学的两位同事乌尔菲拉·格罗嫩贝格和于尔根·陶茨，对鲍氏大齿猛蚁上颚咬合的惊人速度和力量着了迷。其咬合力非常强劲，以至于当其上颚敲击一硬物表面时，蚂蚁本身会蹦跳起来在空中向后翻滚。他们借助超高速电影摄影技术，以每秒 3 000 帧的速度记录蚂蚁上颚的闭合情况。令他们感到惊讶的是，其上颚的闭合速度不仅仅是快，而是在动物界已有记录的所有解剖结构中，这是最快的！其上颚完整的一击（从上颚完全张开到完全闭合）耗时在 $\frac{1}{3}$ 毫秒到 1 毫秒之间。在以前，最快的运动记录是弹尾虫，其一跳花 4 毫秒；蟑螂的逃跑反应为 40 毫秒，螳螂前足的攻击反应花 42 毫秒，隐翅虫舌头"射击"以捕获猎物花 1~3 毫秒，跳蚤一跳花 0.7~1.2 毫秒。鲍氏大齿猛蚁的上颚仅长 1.8 毫米，但是其"钉式"头部却能以每秒 8.5 米的速度移动；如果把这蚂蚁比成人，相当于以每秒 3 千米的速度在进行拳击，速度比步枪子弹还快。

只要鲍氏大齿猛蚁工蚁的夹状上颚能够触及的生物，工蚁都能捕捉。它们在捕猎时张开上颚、锁定猎物位置，同时准备内拉巨大的内收肌。还有一根长而灵敏的毛状物从每一上颚的基部伸出。在捕猎期间，鲍氏大齿猛蚁工蚁的触角在头前来回摆动。当触角表面的嗅觉器官鉴别出猎物或敌对者时，工蚁的头就急伸向

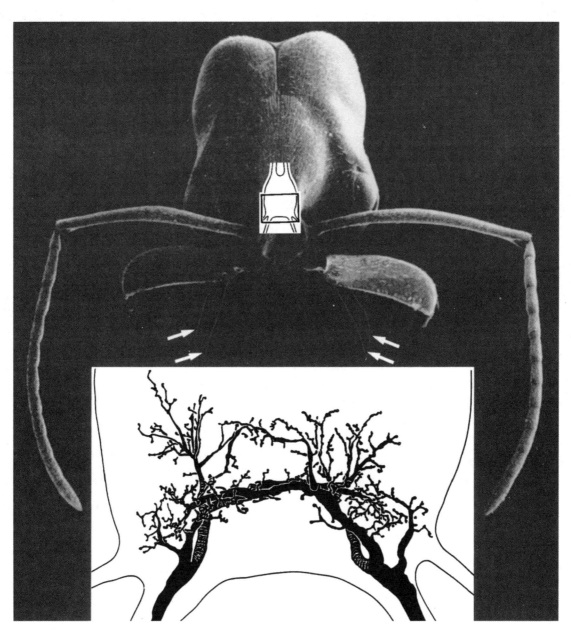

　　大齿猛蚁强有力的和快速的钳形上颚。这里工蚁的上颚已充分开放；箭头显示上颚基部伸出的灵敏的触发毛状物。（头部）方块部分显示巨大神经细胞从触发毛状物进入脑的部分，在下图是把方块部分放大，巨大神经细胞以黑色表示。（由乌尔菲拉·格罗嫩贝格画图）

前，使其头尖部的毛能触及目标物。在其上颚内部有巨大的神经细胞，对头尖部毛的压力做出反应。神经细胞的轴突（延长的神经细胞轴或细胞索），在有记录的昆虫或脊椎动物中，都是最大的。霍尔多布勒的同事发现，这种巨大神经细胞能以极快的速度传导神经脉冲。神经反射弧，即上颚的受体细胞到脑，再返回到上颚肌肉细胞，仅需 8 毫秒，这是目前在动物记录中的最短时间。当电流流动在反射弧中完成时，电脉冲就到达了上颚肌肉细胞，随之上颚在 1 毫秒内闭合，完成了全部的行为反应。

鲍氏大齿猛蚁的大颚几乎充满了巨大的感觉细胞，其空隙处充满空气，增加了大颚惊人的反应速度。它们用大颚猛夹猎物时，力量足以使较小的生物昏迷，或至少用其末端的利齿咬住被擒猎物。当蚂蚁向前弯曲其腹部时，还会把其刺扎入猎物。大颚的切力足可把一些软体昆虫切成两半。

鲍氏大齿猛蚁上颚的超快速打击，还有第二个与上述全然不同的功能。工蚁攻击敌对者时，还可利用它作为运输工具。当工蚁的头向下撞击硬表面并紧闭其上颚时，能把自己弹起来并落到附近的敌对者身上。在哥斯达黎加拉塞尔瓦，当霍尔多布勒触动一树上的鲍氏大齿猛蚁一个蚁巢时，多达 20 只工蚁（在硬物上）撞击其上颚将自身抛向空中高约 40 厘米后，落在他的身上，一落定就开始刺他，他无奈地只得后退。这使他立即明白，这一物种的集群是如何保护其脆弱的家园的，其巢壁只不过是由一些干草组成的，完全不能起到保护作用。

在热带和暖温带地区，具有像"捕捉器"头的其他蚂蚁也十分丰富。类似于鲍氏大齿猛蚁的全部结构，起源于多次独立进化过程。20 世纪 40 年代末，威尔逊还是一个大学生，那时他就把注意力转向其中的一个类型，即已知捕食跳虫的小蚂蚁：螯蚁类（*Dacetines*）。这一类在亚拉巴马州有许多活物种，其中包括鳞蚁属（*Strumigenys*）、瘤蚁属（*Smithistruma*）和鳞毛蚁属（*Trichoscapa*）的物种，这些在当时几乎都未被研究过。威尔逊走遍了亚拉巴马州的中部和南部，搜寻树林和田野中可能搜寻到的螯蚁类。他利用巴黎灰石膏浆做成的人工巢给收集来的一些蚂蚁集群居住，其中每一集群典型地由一只蚁后和约数十只工蚁组成。人工巢的结构，是根据早在半个世纪前法国昆虫学家查尔斯·珍妮特（Charles Janet）提出的设计修改而成的。为了在尽可能近的距离内观察螯蚁，威尔逊在巢的上半表面开了一些小洞，做成了类似于蚂蚁自己挖成的一些小室和连接小室的通道。而巢的另一半，他挖了一个大室，用作蚂蚁的觅食区。然后他用一块玻璃板盖在巢的整个表面作为一个透明的"屋顶"。他在巢附近撒些碎石和烂木模拟森林区的自然地面。最后，威尔逊放置一些从螯蚁生活地区捕来的活跳虫、螨、蜘蛛、甲虫、蜈蚣和其他一些节肢动物，目的是观察哪些会被螯蚁捕猎和它们如何捕猎。这个用巴黎灰石膏浆做成蚁巢的整个空间实际很小，只有约两个拳头大，为了适于在解剖显微镜下进行观察。所以，威尔逊能比较省力地观察到螯蚁集群在抚育室的情况，以及工蚁在觅食区的捕猎情况，实际上，这两个观察是同时进行的。

在螯蚁物种中，具钳形上颚的蚂蚁有两种基本类型。一种基本类型如齿蚁属的物种，其蚂蚁具有极细长的上颚，能张开到180度甚至更大，然后通过急促地闭合用末端的利齿刺击猎物。蚂蚁在寻找猎物时，行走速度很快，一旦发现了猎物，就在很短的时间内潜行到猎物附近。第二种基本类型有短的上颚，张开程度仅约

棘颚蚁属的中美洲一个物种，其工蚁具钳形上颚；极其细长的上颚用来捕猎跳虫和其他细小但动作敏捷的其他昆虫。

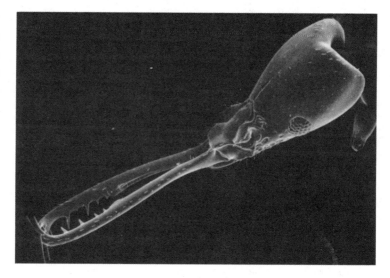

60 度。威尔逊发现，这类短上颚的螯蚁是秘密活动的"大师"。只要一个女猎手，即一只工蚁知道附近有一猎物，它就呈倦伏的僵化状态且维持短暂时间，如果与猎物有一定角度，它就缓慢转动以面对猎物。下一步，它开始潜行前进，其速度非常缓慢，以至于只有通过坚持观察且注意它的头与其邻近小石块的位置才可以察觉。它从开始到进入攻击位置可能需要数分钟。如果在跟踪猎物期间，猎物移动了，它又会呈蜷伏的僵化状态，直至猎物不动再潜行，最后，它来到猎物旁边，先用其头部长出的灵敏的长毛轻轻地触及猎物，再用其上颚猛咬猎物。

威尔逊在他的微型"泰拉瑞亚"（terraria）① 试验里，为蚂蚁提供了一般的小型软体节肢动物，其中包括综合纲（类似于唇足类）和双尾目（类似于小型蠹虫）的各种动物。但是试验中的蚂蚁喜

① 一种游戏名，玩家可做很多事，如提供很多食物可任选用。这里的"泰拉瑞亚"系指他做的"人工蚁巢"内的各种动物。——译者注

　　两种钳形上颚蚂蚁：来自东南亚长颚蚁属（*Myrmoteras*）的一个物种（上图）和来自南美洲的刺螯蚁（*Daceton armigerum*）（下图）。

欢吃跳虫，即体下长着叉状尾附肢无翅的小昆虫，遇到危险时，跳虫会借助附肢跳起来逃走，其附肢的运动速度在动物界仅次于大齿猛蚁上颚的关闭速度。这些小小的螯蚁，利用秘密行动和钳形上颚的猛咬，可较轻易地捕食只有极少数动物才能捕到的跳虫。

在后期研究中，以解开细蚁的行军蚁之谜著称的益子庆一，利用其超常的观察力为细蚁的故事增加了新乐趣。他发现，这些小小的工蚁会把泥土和其他碎物涂在自己身上，这显然是一种嗅迹伪装，以便更近距离地接近猎物。法国的阿兰·德让（Alain Dejean）还发现，这些工蚁可以排出一种吸引跳虫的气味，当它们接近跳虫时可使跳虫在很长时间内不动。

多年来，威尔逊和威廉·布朗在考察热带不同地区、搜寻螯蚁类蚂蚁的过程中，把这些小小的神秘猎手螯蚁可能的进化进行了综合分析。在世界范围内螯蚁约有250个物种，构成了24个属，在大小、解剖学和行为方面的变化都很大。它们的进化史可归结如下。较为原始的物种，如南美洲螯蚁属和澳大利亚食欲蚁属（Orectognathus）的现有物种，都是在地面和低矮草木中觅食的。它们利用钳形上颚捕获的猎物范围很广泛（从小形到中等大小的），诸如苍蝇、黄蜂和蝗虫。从上述较为原始物种起源的某些进化支，工蚁明显地变小并开始捕猎微小的、生活在土壤中的软体昆虫和其他的节肢动物。某些极端物种变得只能捕猎跳虫。与此同时，为了适应这一变化，其社会结构改变成一种简化的隐居式的生活方式。其结果是，集群变得更小了，工蚁在大小上变得一致了（但在较大的螯蚁中仍有大工蚁和小工蚁之分），在捕猎时废弃了利用嗅迹招募巢伴的方式。

螯蚁类进化史的上述概要，到1959年几乎就完成了。这是基于食物习性和生态学其他方面的变化，以重建类群动物社会组织进化的一个初步尝试。

蚂蚁的一对上颚，在功能上相当于人类的一双手。上颚用来拾起和处理土壤、处理食物和招抚巢伴，也是用来防御敌对者和捕获猎物的武器。所以，上颚的大小和形状为研究当今存活蚂蚁的生活和工蚁搜寻食物的本质提供了线索。在地球上的所有蚂蚁中，具有最奇怪上颚的蚂蚁不在齿蚁属和螯蚁类中，而在奇猛蚁属（*Thaumatomyrmex*）的物种中。其工蚁的头颅短，几乎呈球形，两侧各有一只大的凸状眼睛。巨大的上颚向前突出状如一个篮子，上颚支柱形成的长细牙齿与耙的耙齿相似。当上颚轻轻地对着口腔闭合时，其前端的一对长牙就像一对角状物那样伸向头的两侧后面。这些蚂蚁所属的属名拉丁文为"*Thaumatomyrmex*"，其中的"*Thaumato*"和"*Myrmex*"分别为"奇异的"和"蚂蚁"之意，这一属名客观地反映了所属蚂蚁的本质，真不愧是"奇怪的蚂蚁"。

这些引人注目的上颚有什么用处呢？是用来作为捕食的捕猎钳，还是为了满足某一其他的、完全未知的用处呢？多年来，蚁学家们一直在推测奇猛蚁属蚂蚁的自然历史——它在哪儿筑巢和它捕猎什么生物。不幸的是，在地球上该属的成员都属于稀有物种。虽然已知若干物种个别分布在南墨西哥到巴西一带地区（在古巴仅发现一个物种），但在世界的所有博物馆内不多于 100 个标本。只要找到这些蚂蚁中的一只活工蚁就是一大成绩。至今为止，还没有一个生活集群在实验室被研究过。威尔逊在其整个生涯中，只设法采集到 2 只工蚁，一只在古巴，一只在墨西哥。多年来，他的抱负就是要采集到一个集群并解开其具有巨大上颚之谜，1987 年，他花了一周时间，到哥斯达黎加南部的拉塞尔瓦野外站和热带研究组织生物研究站去采集，因为有人最近在这个地区采集到有关蚂蚁的几个样本。在这一周时间里，他没干其他任何事情，只是沿着路径穿过无人干扰的森林区，低着头边走边踢着落叶和树枝，以寻找黑亮的、巨大的上颚向前突出犹如一个篮子的工蚁。结果是一无所获。然后他备感挫折地在蚁学通信的"地下室手记"（Notes from Underground）专栏内发表了一篇论文。论文的基本信息是："谁能发现奇猛蚁属的蚂蚁吃什么，让我安下心来？"

一年之内，三位年轻的巴西科学家 C. 罗伯特·F. 布兰道、J. L. M. 迪尼兹和 E. M. 托莫塔克有了成果。他们在巴西两个地点偶然碰到了两只工蚁携带着土蜈千足虫的尸体。他们也找到部分集群并在实验室进行观察，观察期间，在提供的猎物中，工蚁只吃土蜈千足虫，不吃其他类型的猎物。土蜈千足虫在其每一体节上有 2 只足，因此夸张地形容为千足。大多数的土蜈千足虫都是长圆筒形的，具有硬的钙质外骨骼。在外形上，土蜈千足虫有很大区别，但是，它们具有相对短的软体和被长而浓密的刚毛覆盖着，使它们成了土蜈千足虫世界的"箭猪"！

猛蚁属蚂蚁是"箭猪"的猎手。它们极不寻常的一对上颚，恰好攻克了"箭猪"的防护结构。从布兰道及其合作者得知，奇猛蚁属蚂蚁，在碰到一个"箭猪"时，会急速地把具有尖刺样齿的上颚指向"箭猪"的刚毛并刺入其体内，然后把猎物带回家。在巢内，它利用其前足衬垫上的粗毛脱去"箭猪"的刚毛，就如同厨师做鸡肉前拔鸡毛一样。接着，它吃"箭猪"时依次吃头、中段和尾，有时会把吃剩的部分分给巢伴和幼虫。在得知这一惊人的发现后，威尔逊很高兴至少知道了奇猛蚁属蚂蚁的秘密，遗憾的是未能亲

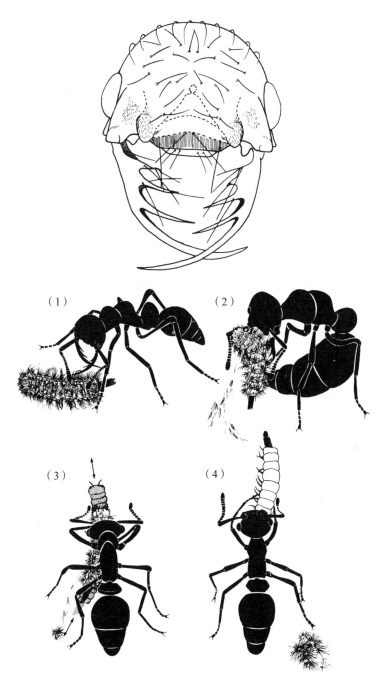

世界稀有蚂蚁奇猛蚁属热带美洲的物种具有最奇特的上颚，用这上颚它们可捕获如"箭猪"样的土蜕千足虫。在标有序号的图中，依次是一只工蚁在拔一只土蜕千足虫（猎物）的刚毛、肢解猎物和吃猎物。（引自 C. R. F. 布兰道、J. L. M. 迪尼兹和 E. M. 托莫塔克的论文。）

（1）

（2）

（3）

（4）

自发现或甚至连这个问题的答案都未猜到。同时，当知道发现这个蚂蚁的"阴间世界"并没有那么困难时，为自己没尽力去发现又有点遗憾。

最近解决的另一个谜是角蚁属（*Basiceros*）大黑蚂蚁的自然进化史。工蚁的头细长、外皮厚并具有粗雕纹、身体覆盖着混杂的棒状和羽状毛。像奇猛蚁属具有耙齿上颚的蚂蚁那样，角蚁属的物种也广泛分布于中南美洲的森林中，但以前很少见到成活个体，直到最近才比较常见。实际上关于它们的自然（进化）史知之甚少。

经证明，角蚁属的罕见性是一种假象。因为该属的蚂蚁本身是制造这一假象的大师。在 1985 年，我们在拉塞尔瓦的生物保护区采集时，学会了如何用相对容易的方法，采集该地区物种集群。我们发现，曼氏角蚁（*Basiceros manni*）其实相当普遍。寻找它的窍门是寻找其白色幼虫和蛹，它们位于由黑朽木筑成的蚁巢口外。工蚁和蚁后极难被发现，除非你确实知道它们在哪儿，然后在那儿盯视。这些蚂蚁是人眼的超级蒙骗者，也许还是其捕食者（如鸟类和蜥蜴）的蒙骗者。当它们在地上行走时，人们很难发现，即使暂停下来，也很难发现。部分原因是曼氏角蚁工蚁行走速度极其慢。这是我们在世界范围内的野外调查中，碰到的行动最迟缓的物种之一。工蚁是行动缓慢的"女猎手"，它会在缓慢爬行中寻找猎物，然后潜行到猎物旁边，逮住猎物用其上颚突然猛咬。在巢内，所有工蚁往往每次可保持数分钟完全不动，且把触角严格保持在一定位置。对过去看惯了多数蚂蚁集群喧动的观察者来说，这种蚂蚁集群的行为是非常怪异的。当行动中的这种工蚁被发现或用镊子触及受到干扰时，它们立即静止不动可达数分钟，与多数其他物种受到干扰时慌忙而逃的类型形成了鲜明的对照。

曼氏角蚁在世界上不仅最迟钝，而且最肮脏。大多数蚂蚁都很爱清洁，经常停下来舔自己的足和触角，用其足上节的梳子和足下节的毛刷疏理身体。在某些物种中，蚂蚁的多半行为都是在清洁自己的身体，而剩下的大部分时间用于清洁蚁巢。曼氏角蚁仅花 1%~3% 的时间在个体的修饰和清洁上，较老工蚁的身体上还包裹着一层泥土。这一现象不是它们不讲卫生，而是该蚂蚁追求的一种特性，是伪装技术的一部分。当工蚁出巢觅食时，它们的身体就几乎与地面腐烂的垃圾混为一体。

曼氏角蚁的伪装，通过其解剖结构的变化得到了加强。微细泥土借助其躯体和足上节表面的两层毛发附着在蚂蚁表面。足上节末端分叉的长毛，形如瓶刷，刮刷掉并沾上微细土壤颗粒；躯体下方形如羽状的毛发，如同森林下层的灌木丛，锚起体表的颗粒。

回到哈佛大学，我们在人工巢内成功培养了曼氏角蚁的集群，投喂的是残翅果蝇。这些蚂蚁在觅食时通常行动缓慢。工蚁没有了来自天然的泥土附着在自己的体表，但它们有来自周围壁上和顶层的巴黎灰石膏细粉尘，这些是我们建立试验蚁巢的材料。随着时间的迁移，较老的工蚁开始转为白色——它们成了"变色龙"，在它们未曾生活过的环境中也能伪装。

与诡秘的螯蚁和角蚁相反的是那些在阳光下绚丽多彩的蚂蚁。它们"信奉"在陆地和海洋都适用的自然（进化）史的一条基本规则：如果一只动物颜色绚丽，并在行动上不怎么在乎是否有别的生物存在，那么它可能就具有毒腺或具有全副武装的上颚或螯刺。在南美雨林地区，毒箭蛙的躯体具有红、黑、蓝的不同组合。当要接近它时，它却佯装要逃走；如果试图去逮它，它仍然待着不动时，千万别逮！一只毒箭蛙的毒液，足以毒死一个人。印第安猎人为了捕获猴和其他大形动物，在箭头或镖头上就会涂上箭蛙毒液。

在澳大利亚，红色狗蚁和黑色狗蚁，体长 1 厘米左右，具有如同黄蜂那样有效的刺，能够射中 10 米远的目标。它们从不惧怕巢周围有什么敌患，它们好斗成性，还有极好的视力。某些物种的工蚁还是以人类为目标的入侵者，它们有相当大腾空跳跃的能力。

人们在古巴发现了某些外形色彩最丰富和最无所畏惧的蚂蚁。它们原是细胸蚁属的成员，但由于它们特定的解剖学特性，最近自成一属——铺道蚁属。在这里，存在 10 余个蚂蚁物种，几乎在别处都未被发现过。安的列斯群岛[①]的蚂蚁，这些在自然（进化）史上的瑰宝，具有不同大小、形状和颜色（其中包括黄、红和黑色）。但是，最吸引人的是在阳光下显耀着金属蓝、绿色的那些躯体细长的物种。这些工蚁，往往在空旷地、石灰石壁和低矮树林中，以组成队列的形式觅食。

当威尔逊 10 岁时，就被威廉·曼在《国家地理》杂志发表的一段论文迷住了："我记得在古巴谢拉德特立尼达的米纳卡洛塔度过的一个圣诞节，在那里我试图翻开一块大石头看看底下有什么生物，这石头中央已开裂，就在这开裂的中心处，有半调羹多的、在阳光下发出亮绿金属色光的蚂蚁。这些蚂蚁被证明是一个未知物种。"

想象吧！在一个遥远的地方找到了一个如同活宝石那样的一个新物种，是何等心情。曼把这个物种命名为"惠氏铺道蚁"

---

① 位于加勒比海，在南美、北美两大陆之间，由大安的列斯群岛和小安的列斯群岛组成。——译者注

（*Macrocheles wheeleri*），以表示对他在哈佛大学的博士生导师威廉·莫顿·惠勒的敬意。在1953年，威尔逊已经是哈佛大学的博士生了，但这一印象仍然是深刻的，他也到了当年曼去过的同一地点米纳卡洛塔采集蚂蚁。他在攀爬陡峭的森林山坡时，效仿当年曼做的那样，翻开一块块软石灰岩石以寻找蚂蚁。这些岩石，有的破裂了，有的破碎了，而多数依然完整无损。翻了一段时间，却不见绿色蚂蚁的踪影。后来，翻到一块成半分裂状的岩石，发现了一调羹那么多的发出金属光泽的惠氏铺道蚁。这是恰在40年后，重复了曼的科学发现。这是自然世界连续性的印证，也是人类思想连续性的印证。

威尔逊的研究继续深入谢拉德特立尼达，碰到了细胸蚁属的另一个物种，在阳光下，其工蚁呈金黄色，与世界上许多地方发现的龟甲虫的颜色相似。这种颜色以及其他物种的金属蓝和金属绿，几乎可以肯定是强光照在躯体的显微脊背上，通过反射形成的。但为什么这种不寻常的效应会首先得以进化呢？相当合理的解释是，蚂蚁也是有毒腺的生物，因此它利用其颜色警告捕食者，也许警告捕食它的变色龙，这在蚂蚁的生境中普遍存在。世界上有少数其他蚂蚁物种也已转变成金黄色。在澳大利亚和非洲多刺蚁属的一些物种，在腹部已经进化出现一片金黄色毛发，这可能是在"告诉"捕食者，其胸部和腰部具有利刺。

现在以人们迄今为止知道的绝对是最罕见，或至少是最难捉摸的蚂蚁来结束我们的"寓言集"吧！1985年，霍尔多布勒在拉塞尔瓦（我们偏爱的热带研究基地），沿着次生林的边缘进行采集。在一棵小树的齐腰处，他轻轻地捅破由干草枝条筑的一个非同寻常的簇状物巢时，涌出属于大头蚁属一个新物种的100多只工蚁，这些工蚁沿着不规则的环形路线离巢散开，这一反应一点也不奇怪，因为蚂蚁通常都是以这一方式捍卫其家园的。但在该例有一例外，即工蚁酷似鼻白蚁属（*Nasutitermes*）的白蚁。这些白蚁在拉塞尔瓦林区和新大陆热带地区的其他地方都普遍存在。由排泄物筑成的巨大球形巢内有数万只（白蚁）工蚁，称为长鼻兵蟹的兵蚁职别在头部具有长形的、如鼻样的突起，其黏稠的毒液就是从这突起处喷出的。当白蚁巢壁遭到破坏时，大量长鼻兵蟹就倾巢出动进行捍卫，像青蛙大小或小一些的敌人都难以抵挡它们的攻击。

由霍尔多布勒发现的大头蚁属与长鼻兵蟹虽然只是是表面相似，但其伪装①技巧十分高超。一开始霍尔多布勒想，它们实际上是白蚁，因为实行攻击的工蚁的活动几乎与鼻白蚁属的白蚁工蚁相同，甚至更令人信服的是，大头蚁属兵蚁的颜色是该属的独有颜色，但是很接近白蚁的兵蚁颜色。如果我们的解释正确的话，上述蚂蚁，即后来我们命名为长鼻大头蚁（*Pheidole nasutoides*），是蚂蚁模拟白蚁的第一个例证。这一模拟的作用在于，它们已经学会了如何愚弄和避免强大的捕食者长鼻兵蟹的攻击。

在当年考察拉塞尔瓦的其余时间内，为了深入研究长鼻大头蚁的自然（进化）史和检验其模拟（拟态）假说，我们努力地收集了更多的集群。但是，我们再未能发现第二个集群。在以后的考察中，我们有时分别同时进行，继续寻找，但仍无功而返。我们为这样的失败而苦苦思索，进而渴望更多地获悉长鼻大头蚁的情况。有可能，这种蚂蚁真的很稀少，就像长着矛刺的奇猛蚁属

---

① 生物学上称拟态。——译者注

那样稀少。或者，这种蚂蚁正常情况下其巢筑在高的树冠层，这是我们和其他蚁学家还没有考察过的，也许，我们采集到的巢是从高树枝上掉下来的。最终，会有人给出这一问题的答案，其中的谜底终会解开。不用担心未来的蚂蚁世界会变得无趣，到那时，其他的一些奇怪现象一定会呈现，以引导一代代科学家到野外去探索。

蚂蚁集群，通过聚集和工蚁中的劳动分工这两种方式，控制和改变环境而满足自己的需要。温度调节是这种社会效能的主要例子，也是蚂蚁成功的一个重要因素。由于至今还不清楚的原因，蚂蚁需要不同寻常的热量。除了原始的澳大利亚大眼似真蚁和极少的其他寒温带蚂蚁物种外，其他的蚂蚁在低至 20℃ 的环境下，其功能会变得很差；低于 10℃ 就全然丧失了功能。它们的多样性从热带区到北温带区急剧地下降。在北部原始森林的荫蔽部分，任何类型的集群都很稀有，在冻土带只有极少数的耐寒物种生存。在冰岛、格陵兰岛或马尔维纳斯群岛没有土生物种。在热带 2 500 米以上的茂密森林斜坡上也基本没有蚂蚁。相反，从位于美国加利福尼亚州西南部的莫哈韦沙漠和撒哈拉沙漠到澳大利亚的无人区，这些的最炎热和最干燥的地方却云集着大量物种。

在凉爽的生境中，蚂蚁要寻找相对温暖的地方抚育幼虫。简单说来，这就是为什么在寒温带生活的蚂蚁集群一般总集中在岩石底下；为什么在近地表面发现具有蚁后整个集群的方法，最好是在春天大地开始回暖时期去掀翻石块寻找。岩石具有极好的热调节性能，特别是那些扁平的、置于土壤表层而大部分又暴露在阳光下的岩石。干旱时，这些岩石具有很低的比热容，这就意味着只需少量的太阳能就能提高其温度。因此在春季期间，当蚂蚁集群最需要转入频繁活动时，太阳晒暖岩石及其下的土层要比周围的土层快。这一温差使得处在岩石下的工蚁觅食、蚁后产卵和幼虫发育都要比处在周围的土层的蚂蚁快。上述的热能调节原理，同样适用于朽木和伐木的树皮底下的空间。在春天，蚁后、工蚁和幼虫都聚集在这些空间中，只有当这些空间过热时，它们才通过通道进入朽木或伐木凉爽的内部空间。

在热带森林中的蚂蚁，几乎全年都享受着足够温暖的天气，表现出了很不相同的择巢偏好：大多数巢在地上的朽木片断上；少部分巢在树林灌木丛或朽木内；极少数完全在土壤内；个别的，选择在地表的岩石下。

蚂蚁对地面生活的完全适应，为它们随时调节其周围环境的温度提供了特殊机会。它们的巢通常从岩石底下或裸地表面垂直挖入地下，或是从朽木树皮下的空间进入树心，且围绕树心表面挖出朝向地面的那部分空间。这种几何结构，允许工蚁在巢内快速地搬动卵、幼虫和蛹到达最适宜成长的小室内。大多数物种集群的巢，其最温暖的孵化小室保持在25℃至35℃范围内，以适合孵化中所有阶段的卵和幼虫的成长。

地下蚁巢也可以防止在最热的环境中过热。如果夏天在地面阳光下待上2~3个小时，纵使是耐热的沙漠"专家"也会死亡。某些沙漠地带的表面温度在50℃以上，在数分钟甚至数秒钟之内蚂蚁就会死亡。然而，纵使在这样酷热的环境下，蚂蚁通过在地下深挖巢（其巢内温度甚至在最热的时候也接近蚂蚁的最适温度30℃）仍能使它们家族兴旺。

最精细的气候调节是由蚂蚁筑起的蚁丘完成的。这些蚁丘远非只是由一堆堆泥土所建立的一些大的地下住所。蚁丘在设计上复杂，形状匀称，有机材料丰富，由相互连接的管道和小室的密集系统贯通，并且还用叶和枝的片断或用卵石、木炭之类的碎末封在丘巢外部。一座座蚁丘好比地上一座座城市，其内生活着蚂蚁和它们的后代。蚁丘常见于一些极端温度和极端湿度的生境，诸如沼泽地、河堤岸、常绿林和沙漠中。

通过研究我们知道，至今人们最了解的蚁丘是由寒温带蚁属蚂蚁筑起的大型蚁丘。这些由（欧洲）红褐林蚁，其中包括多栉蚁及其有关物种建造的大型蚁丘，在北欧的森林区是一道常见的景观。高出地面约 1.5 米的蚁丘有利于提高巢内温度，这样可使蚂蚁在春天提前觅食和更快地抚育幼虫。蚁丘外壳层减少了热量和湿度的损失，而其巨大的表面面积可使巢得到更多阳光。某些蚁属物种的蚁丘也有较长的南向倾坡，这可吸收更多的太阳光能。这些斜坡精确地给出了方向，所以数百年来，这样的蚁丘常被阿尔卑斯山的土著人作为天然指南针使用。附加的热量，还来自聚集在蚁丘内植物材料的腐烂和共同生活工作在这里的数万只蚂蚁的新陈代谢。

某些蚂蚁，例如在美洲沙漠和草原的收获蚁属的收获蚁，常用不同的小卵石、叶和植物其他部分的片断以及小块木炭装饰蚁丘的表面。这些干燥物质在阳光下迅速吸热，可作为太阳能储存器。在阿富汗的高原地带，低蚁属（*Cataglyphis*）的集群把小石块撒在蚁丘上。这一习性可能是由希罗多德[1]和普林尼[2]所报道的蚂蚁采金传说而来。希罗多德把阿富汗采金蚂蚁定位在阿富汗帕克

---

[1]　古希腊人，公元前 5 世纪的历史学家，也是位故事大师，积累了生物学等方面的珍贵资料。——译者注
[2]　古罗马人，百科全书式作家。——译者注

觅食中的绒毛厚结猛蚁（*Pachycondyla villosa*）的工蚁把一水滴运往巢内，到巢后将水滴分给巢伴，并甩在巢壁、巢地上以增加巢内湿度。

蒂克地区的卡斯帕蒂罗斯镇附近，现已认为就是当今阿富汗的喀布尔或者白沙瓦附近。众所周知，阿富汗这一地区的金矿是由岩石和冲积土形成的，而天然金粒可能是蚂蚁采集用作温度调节的小卵石时偶尔带到地面的。在美国西部的收获蚁属的收获蚁，也以上述相似的方式，定期把小哺乳动物的化石骨骼添加到蚁丘的外部装饰区。古生物学家在其早期的考察中，经常定期考察这些蚁丘中是否有骨骼化石，以推测其附近是否埋有骨骼。

在物理环境中，蚂蚁面临最大的危险不是过热，过冷或水灾（多数蚂蚁在水下能生活数小时甚至数天），而是干旱。多数蚂蚁物种集群所需的周围湿度，要高于外界通常的湿度，如果它们暴露在很干燥的空气中，数小时内就会死亡。所以，蚂蚁利用多种多样的，有时甚至接近离奇的技术来提高和调节巢室的湿度。例如，蚁丘的构筑，其内的温度和湿度都要保持在可容忍的限度内。蚁丘厚厚的外壳和茅草的填充物减少了蒸发。此外，工蚁通过垂直通道把非成熟个体或上或下地运到最适湿度处，工蚁把卵和幼虫放入较潮湿小室，而把蛹放在较干燥小室，后者通常更接近蚁丘表层。

从墨西哥到阿根廷发现的巨型捕食猛蚁——绒毛厚结猛蚁，有着完全不同的湿度控制形式。在干旱季节，生活在干燥生境的集群常有脱水的危险。成队的工蚁不得不重复地到巢附近去采集植株上的露水或所能发现的水源。它们把水滴收集在其张开的两上颚之间而运往巢内，让渴了的巢伴喝，然后把剩余的水喂给幼虫、洒在茧上和直接洒在地面上。利用这种"水桶桥式传递方式"，绒毛厚结猛蚁的觅食者可使巢内湿度远高于周边土壤的湿度。

亚洲猎蚁聚纹双刺猛蚁（*Diacamma rugosum*）在采集水的方式上有一奇特变异。在印度的干旱灌木林中，工蚁用高度吸水的材料装饰在其巢口，如鸟的羽毛和死蚂蚁尸体。在清晨，装饰材料上的露水由工蚁收集起来，在干旱季节，这些露水似乎是蚂蚁的唯一水源。

在中美洲雨林中发现的一种细小原始猛蚁——娇美锯猛蚁（*Prionopelta amabilis*），采取了另一种同样奇特的湿度控制方式：贴壁纸。集群通常会把巢筑在林地、原木和其他朽木节段上，这些木料在一年的多数时间内都饱含着水分。因此，这些小蚂蚁面临的问题与上述猛蚁相反，恰恰是表面湿度过高而影响幼蚁的发育。卵和幼虫可以保存在裸露潮湿的木材表面，但蛹需要一个比这干燥的环境。工蚁解决这一问题的方法是，用蛹茧片段（成体已经破茧而出）覆盖某些小室和通道壁，就像贴壁纸一样，有时还覆盖着数层。这样一来，这些小室和通道的表面就会比裸露的

中美洲雨林的细小娇美锯猛蚁的一只蚁后周围，有一些年幼工蚁和茧（含有工蚁和蚁后的蛹）。

小室和通道干燥，工蚁就把蛹仔细地放入这些较干燥的地方。

位于潮湿土壤或朽木中的蚁巢是无数细菌和真菌的理想生长环境，而这些菌类对蚂蚁构成了潜在危险。然而，蚂蚁集群却极少受到这些菌类的感染。具有这种明显免疫性的原因是乌利齐·马施维茨发现的：在成体蚂蚁胸部的后胸侧板腺，可连续分泌杀死细菌和真菌的物质。最引人注目的是，由切叶蚁属的切叶蚁培养的真菌，不会受到上述分泌物质的危害，但所有其他的外来真菌或细菌在这里都不能生长。

总体来说，蚂蚁在许多陆地生境中都占有优势，而这些生境是没有几个其他类型的昆虫可以到达的。它们在数量上的成功，不仅有利于它们改变其巢环境，而且还可改变其生活范围的整个生境。收获蚁是定期以种子为食的物种，它们对环境的影响特别大。几乎在所有陆地生境中，从稠密的热带森林到沙漠地带，它们消耗众多植物类型产生的大部分种子。但它们的影响并非全是

娇美锯猛蚁的工蚁，利用废弃的丝茧（上）片断在其巢内贴"壁纸"，这显然是调节湿度的一种方式。扫描电子显微镜图（中和下）显示"壁纸"相对干燥的表面上放有含成活蛹的茧。

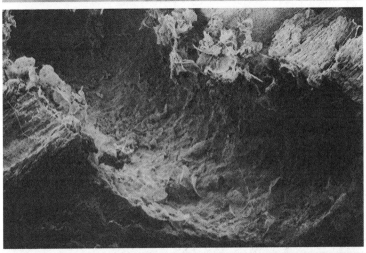

200 微米

负面的。它们沿途犯下吃种子的错误，但也扩大了植物的分布，至少部分弥补了捕食种子的损失。

因此，所罗门①对于收获蚁这样勤勉地收获种子和把过量的种子储存在地下仓库的行为大加赞扬："懒人啊，你去看看蚂蚁的劳作；再细想它们的行为方式，就可得到智慧。"②古代作家了解很多收获蚁的情况，因为他们生活在干旱的地中海环境。而这样的环境，让蚂蚁的勤勉习性发挥到了极致。古人碰到的优势物种最可能是茸毛收获蚁（*Messor barbarus*），它们生活在地中海地区直至南部非洲；工匠收获蚁（*Messor structor*）在非洲没有分布，但分布在南欧到爪哇的所有地区；沙生收获蚁（*Messor arenarius*），在北非和中东沙漠地区极为丰富。这些中等大小、惹人注目的蚂蚁往往是作物的主要害虫，所以前人所罗门、赫西奥德、伊索、普卢塔克、贺拉斯、维吉尔、奥维德和普林尼，在各自作品中几乎都会提到它们。

在近代（从 17 世纪初到 19 世纪初），蚂蚁科学观察者怀疑上述经典说法的正确性，显然现在还有许多作者在重复上述说法。有这种重复是无可非议的，因为，毫无例外，他们的经历仅局限于占世界少数几个部分之一的北欧，上述现象几乎普遍存在。当欧洲的博物学家关注更温暖和更干燥环境下的蚂蚁时，其活动再次得到证实。同是牧师和昆虫学家的 J. 特拉赫恩·英格里奇（J. Traherne Moggridge），在 19 世纪 70 年代初期逗留法国南部期间，详细观察了由茸毛收获蚁和工匠收获蚁收获种子的情况，也已确定，这些蚂蚁至少收获了 18 个科的植物种子。他证实了普鲁塔克

① 古代以色列王国第三任国王。——译者注
② 引自所罗门《箴言集》。——译者注

和其他作者的经典报告内容——工蚁咬掉了种子胚根以防止发芽，然后将失活的种子储存在巢中的储粒小室内。在一部引人注目的现代补遗中，莫格里斯继续证明：通过在巢附近偶尔丢弃成活种子，或在储粮小室内未失活的种子，收获蚁在植物传播方面起着重要作用。

19世纪，继莫格里奇之后，生物学家的精细研究已经涉及了从北欧、亚洲、澳洲到南北美洲几乎所有收获蚁自然历史的各个方面。一个重要的发现是，这些蚂蚁强烈地影响着有花植物的丰富性和分布。在它们收获最为集中的沙漠、草原和其他荒芜的生境中，这种影响特别明显。它们在促进一些物种在数量上达到平衡的同时，又在打破某些物种在竞争中的平衡。结果是，它们重新安排了植物群中的物种分布。

蚂蚁的收获，减少了植物数量，降低了繁殖效率。由詹姆斯·布朗和其他生态学家在（美国）亚利桑那州所做的试验揭示，当蚂蚁从试验点移走后，一年生植物仅在两季内就比正常密度增加了1倍。在艾伦·安德森在澳大利亚做的相似试验中，幼苗数增加15倍。

收获蚁往往也能帮助物种扩散种子。在亚利桑那州沙漠，许多种子成活时间足够长，以致在收获蚁巢周围的垃圾堆中能生根生长，因此某些植物物种能穿过不毛之地，从一个巢址到另一巢址。这些植物和收获蚁可以说存在一种松散的共生形式：这些植物"付给"蚂蚁部分种子作为食物回报；收获蚁运输这些植物另一部分种子到其巢的周围，这里营养丰富，且几乎没有竞争对手，所以比较利于植物生长。

通过这种无意识的活动，收获蚁对某些植物的生死起着关键作用。在决定某些植物的兴衰方面，它们起着关键作用，是关键物种。在墨西哥热带洼地的农田中，热带火蚁（*Solenopsis geminata*）减少了栽培植物中的杂草丰度，它们也影响了植物中的虫害数量，使之减少到 $\frac{1}{3}$。它们也更偏爱某些类型的植物种子。结果就是，少数植物物种上升到优势物种的地位，而其竞争者则趋于灭绝。在另一些情况中是达到一个平衡——面临消亡的竞争植物，由于蚂蚁对其种子的收获量足够低而得以保存，这样它们可与其竞争者永远共存下去。

蚂蚁收获植物种子这一无意识的结果，仅仅是数千万年来在蚂蚁和植物间已经存在的、许多共生中的一个。截至白垩纪中期，当时仍是在恐龙繁盛期，原始的泥蜂蚁和猛蚁数量处于上升阶段。同时，有花植物处于多样化阶段，并向世界各地扩散而成为植物的新优势植物。总体说来，这些植物和昆虫处于复杂的共同进化中。许多植物物种的传粉需要依赖蛾子、甲虫、黄蜂和其他昆虫。而更多数量的昆虫物种，要靠在传粉过程中获得的花蜜和花粉生活，另一些大量昆虫则要以有花植物的叶和木材为生。这些植物在进化中是通过如下要素的不同组合对这些昆虫作出反应的：厚角质层、密刺和密毛以及各种防卫物质，如碱类和萜烯类，其中包括现在人类应用的小剂量医药、驱虫剂、麻醉剂和佐料。

蚂蚁进入了这个共同进化的生活大舞台。接近白垩纪末期，蚂蚁的多样性和丰富性增加了，担当了植物授粉者和传播者的新角色，同时占用了部分植物作为巢址。一个昆虫学家现若返回到白垩纪的早后期（约6 000万年前），就会看到在似乎熟悉的植物上爬行着似乎熟悉的蚂蚁。

　　布氏游蚁行军蚁的成群袭击始于拂晓。在落叶树的树干下，数以万计的工蚁庇护着蚁后（一只）和幼虫。数以千计的工蚁由露营地出发而形成一浩大的先头队列。在正前方显著位置一群蚂蚁在攻击一只大的鞭尾蝎；在附近，一只二色蚁鸟（左上）和一只斑列雀（右上）在等待被蚂蚁驱赶出来的昆虫。（由约翰·道森画图，感谢美国国家地理学会）

　　在成群袭击期间，亚洲行军蚁全异巨首蚁（*Pheidologeton diversus*）的工蚁由巨大的超级上颚支持着，其大颚犹如一推土机扫除袭击路上的障碍物。该职别的各成员也用其上颚捕杀猎物。（由马克·莫菲特拍摄）

上图：在哥斯达黎加森林区，具有奇特的钳形上颚的工蚁长棘颚蚁（*Acanthognathus teledectus*），在潜行接近一弹尾虫；当它用其触角触及弹尾虫时，其张开的上颚猛然闭合。下图：上述工蚁把钳住的猎物带回巢。（由马克·莫菲特拍摄）

蚂蚁世界的"伪装大师"是热带美洲角蚁属（Basiceros）的成员。上图：来自哥斯达黎加的曼氏角蚁（Basiceros manni）集群的一部分，其中有如同大地背景色的工蚁，还有幼虫。下图：工蚁身体长有特定的毛以便沾上微细土粒，使得它们与生活的林区场地的颜色相近而不易发现。

来自非洲的长着金色毛的多刺蚁属（*Polyhachis*）蚂蚁。它们借显著的颜色宣扬其强大的武器，其中包括从其腰部长出的钩状刺。

　　生活在哥斯达黎加的拉塞尔瓦的长鼻大头蚁的一个集群，图为根据想像重建其周围动植物情况的细节。该集群的巢已被丛林蛙（已知为吃蚂蚁的物种）破坏，大、小工蚁弃巢而逃沿着环形路线进入树林草丛。这一奇异行动连同其独有的体色模式，使得大的大头工蚁与鼻白蚁属（*Nasutitermex*）的兵蚁——长鼻兵蠮相似。在觅食途中的若干白蚁兵蚁停留在左边的叶上。（由凯瑟琳·布朗-温画图）

德国林区红褐林蚁多梳蚁（*Formica polyctena*）的蚁丘。在前面，一些工蚁在猎杀一只锯蝇幼虫，这仅仅是在普通的一天中所猎杀猎物的十万分之一。这种蚁丘结构在早春可加速升温，这就让这些蚂蚁从一开始就可胜过它们的许多竞争对手。（由约翰·道森画图，感谢美国国家地理学会）

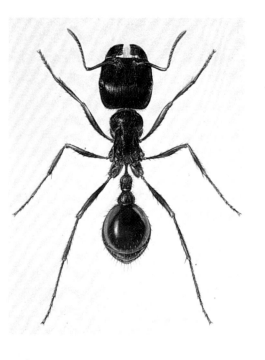
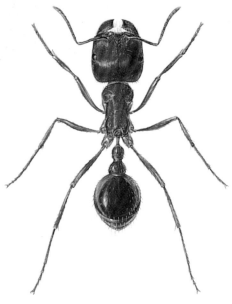
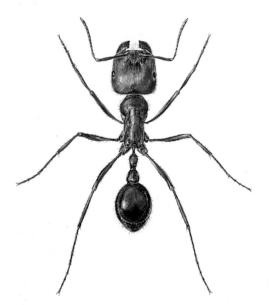
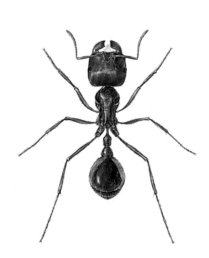

北美收获蚁属（*Pogonomyrmex*）收获蚁图
（按比例）：上左，皱须收获蚁（*P. rugosus*），上右，
长须收获蚁（*P. borbatus*）；下左，女神收获蚁（*P. maricopa*）；下右，孤弃收获蚁（*P. desertorum*）。
（由蒂丽德·福赛思画图）

数以千计的蚂蚁和植物物种生活在一起，存在着复杂的共生关系。今天我们发现的关系往往是寄生的——蚂蚁向植物索取，但植物未能得到回报。在蚂蚁和植物的另外一些组合中，它们是共栖的，二者共栖时，一方得益于另一方，既没有损害也没有帮助另一方，如蚂蚁以树和灌木的空洞为巢。比上述这些更有趣的是相互共生，双方彼此受惠。蚂蚁利用植物提供的洞穴为巢和用植物提供的花蜜和其他营养物为食物；反过来，蚂蚁保护其植物宿主免受草食动物侵害，传播植物种子，精细地疏通植物根系与土壤和营养物接触。蚂蚁和植物间的某些成对组合是这样共同进化的：每一方的结构都特化成容易接受对方的服务。这样一组组的互利共生，已经产生了在自然界发现的某些最奇怪和最精细的进化趋势。

非洲、热带美洲的金合欢属（*Acacia*）木本植物和这些地区蚂蚁成员间的共生关系，是完全相互依赖的经典例子。在这样的共生关系中，热带美洲的牛角刺样金合欢，和与其共生的蚂蚁都有最为详细的记载。在干旱森林区的优势树林种牛角刺样金合欢，似乎完全是为蚂蚁提供宿食而设计的。成对的粗角刺（形如"牛角"）有规律的相间分布在大、小树枝上。这些角刺外皮僵硬而膨大，充满髓状物的中心是蚂蚁的理想住所。金合欢排出糖液的部位在其羽状复叶的基部。工蚁只需要迈出巢的入口洞，跑上数厘米，就能进入各粗角刺之间，吸取羽状复叶基部的糖液。为了给蚂蚁提供方便，金合欢还从小叶尖端长出富有营养的小嫩芽。这些称为贝尔蒂恩的嫩芽很容易被蚂蚁摘下来。所有这些证据都表明，金合欢中占优势的栖息者伪切叶蚁属（*Pseudomyrmex*）的细长螯蚁，仅靠上述糖液和贝尔蒂恩嫩芽就可繁盛起来。

现在我们来关注一下蚂蚁如何保护（牛角刺样）金合欢免受其敌害的问题。蚂蚁对金合欢的高度繁荣确实是至关重要的。这方面的证据是由美国生态学家丹尼尔·詹曾（Daniel Janzen）在20世纪60年代的野外试验提供的。在墨西哥研究期间，还是一个年轻的研究生的詹曾就注意到：没有伪切叶蚁属蚂蚁的金合欢树林，会遭到巨大的虫害损伤。当詹曾用杀虫剂从金合欢树上除去蚂蚁或除去伪切叶蚁属蚂蚁赖以生存的分枝和刺后，金合欢就会受到其他昆虫的严重危害：果心甲虫和角蝉吸啃芽尖嫩叶，叶甲虫和各类蛾子的毛虫吃叶，吉丁虫的幼虫环剥嫩芽。其他的植物生长更密并遮住了生长不良的金合欢的阳光。

在附近被蚂蚁占领的金合欢树上（詹曾未处理过的），蚂蚁会驱赶或杀死大部分入侵昆虫。半径40厘米以内的金合欢树附近其他种类的树，发芽时都会被蚂蚁咬掉或伤害。在金合欢树的表面，不管是白天或黑夜，都有约1/4的工蚁在巡逻并对树表面进行清扫。

在詹曾进行试验的期间，有蚂蚁的合欢树生长繁茂，而没有蚂蚁的则逐渐衰弱。1874年，博物学家托马斯·贝尔特首次记录了这一共生现象，并得出结论，伪切叶蚁属蚂蚁"是真正作为金合欢的常备军而保存下来的"。这一结论现已得到充分证实。

在世界范围内的热带森林和草原内，类似上述的蚂蚁-植物共生现象随处可见。近年来，这一共生现象已成为研究的热门课题。例如，乌利齐·马施维奇及其同事在马来西亚雨林中，就发现了一系列新的蚂蚁-植物共生现象。在非洲和中南美洲也有类似发现的一些报道。目前，我们知道有数百个植物物种（多于40个科），具有供蚂蚁栖息的特化结构，许多植物物种还以金合欢

热带美洲的牛角刺金合欢庇护伪切叶蚁属蚂蚁，两者之间存在着紧密的共生关系。在上图中，显示了蚂蚁巢的入口，在其前方显著位置可看到一排乳头状的可供蚂蚁食用的蜜露；在下图中，一只工蚁从金合欢叶尖端采集贝尔蒂恩体。（由丹·珀尔曼拍摄）

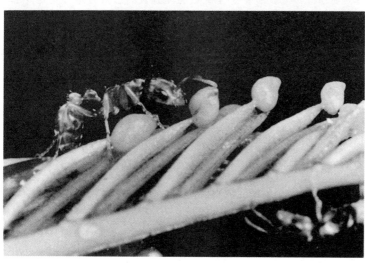

的方式为蚂蚁提供甘露和食物。在这些植物中有豆科（其中包括金合欢）、茜草科、野牡丹科和兰科植物。在不同程度上依赖于共生的蚂蚁类型数，同样具有多样性，其中包括5个亚科中的数百个物种。

完全依赖共生植物的蚂蚁也是世界上最富有侵略性的。这些足以攻击哺乳动物（其中包括人类）的大蚂蚁，装备精良、行动快速并且充满敌意。仿佛它们四处碰壁无路可走，因此对每一个挑衅，都做出极端反应。如果有人惊动了与金合欢共生的蚂蚁（acacia ant），它们就会倾巢出动以刺咬冒犯者手臂。一个人迎风靠近金合欢灌木丛，一些工蚁就会跑到叶的边缘而尽可能靠近他，这显然是受了他身体气味的影响。伪切叶蚁属这种个头更大甚至更富有侵略性的蚂蚁就栖息在速灼树属（*Tachygalia*）一类物种（南美下层林中的一个树种）的树上。若你用身体裸露部分触及该种树的枝条，就犹如触及一株荨麻①。但是，这里的疼痛是由数十只工蚁引起的：它们冲到身上，开始叮咬，直至被拍掉为止。当我们麻痹大意地穿过一片下层林时（典型的博物学家都是这样），我们身体的某些裸露部分就会有一种熟悉的疼痛感，并会立即想到：这是速灼树属一物种上的伪切叶蚁所为！

世界上最有效的攻击性蚂蚁可能是畸足木工蚁（*Camponotus femoratus*）——一种大型的、具毛的、绝对令人讨厌的南美雨林地区的蚂蚁，它们的攻击性甚至超过了栖息在速灼树属树种上的伪切叶蚁。纵使最轻微的干扰，工蚁也会怒冲冲地倾巢而出，只要有人靠近巢，就会触发这一反应。已经广泛研究过蚂蚁-植物共

---

① 多年生草本植物，手触及它就如蜂螫般疼痛，其毒性会引起刺激性皮炎。——译者注

生的美国蚁学家戴安·戴维森（Diane Davidson），在给我们的信中描述了上述行为："当我距离它们的巢 1~2 米时，这一物种的工蚁就开始典型地来回跑动，并经常向我跳来或落在我身上。这一多态物种的所有不同大小类型的工蚁都试图开始咬我，但通常只有大型职别的工蚁用其大颚撕破我的皮肤，并且通过刺咬和喷射的甲（蚁）酸进入伤口才会引发疼痛。"

这些蚂蚁不是居住在树的洞穴中，而是居住在"蚂蚁花园"内——这就构成了蚂蚁和有花植物间最复杂且精细的共生关系。这些"蚂蚁花园"是由泥土、瓦砾和咬碎的植物纤维（来自灌木丛和树林的细枝）堆成的一些圆堆。其大小类似高尔夫球场到英式足球场不等，其内生长着不同的草本植物。蚂蚁收集这些植物筑巢，收集这些共生植物种子放入巢内。当"花园"内植物生长时，土壤和其他物质供其生长，而其根系成为"花园"的框架。这样植物就可以提供给蚂蚁食物、果肉和甘露。

中南美洲的"蚂蚁花园"含有许多植物物种，至少有 16 个属，而这些"花园"在其他任何地方都未曾被发现过。这些植物的特化形式有诸如喜林芋属（*Philodendron*）的海芋、凤梨科植物、无花果、苦苣苔类植物、胡椒属植物和仙人掌。

限于"花园"的植物表现为完全的共生体。蚂蚁把这些植物的种子运输到巢内的有利地点，其中包括抚育室。之所以这样做，至少部分是因为蚂蚁发现这些种子富有吸引力，甚至可能把种子的气味与其幼虫散发的气味相混。某些吸引剂也已被鉴定，其中包括 6-甲基-水杨酸甲酯、苯并噻唑以及少数苯基衍生物和萜烯类物质。蚂蚁的活动加速了植物的生长。蚂蚁很少危害其"花园"，因为植物给它们提供的食物未受限制，但所有已知的花园-蚂蚁物种都是离开"花园"到外觅食，收集其他类型的食物，它们在按"兔子不吃窝边草"的原则行事。进行如此共生的"花园"蚂蚁，其中包括凶猛的畸足木工蚁，它们似乎知道自己在做一件好事。至少，它们在行动上仿佛得依赖这种共生的生活方式。

第十五章 谁能幸存

蚂蚁把自己锁定在化学感觉的世界，并不顾及人类存在与否。它们经历或体验现实世界多半是通过其感觉装置实现的，而这些感觉装置就是从其外骨骼伸出的毛状物、尖状物和板状物。它们奇怪的三裂状脑的功能主要是加工来自其周围仅数厘米远的信息。而且它们对过去发生的事，一般在数分钟到一小时内就忘了，根本没有心智构想。这样的状况已经有数千万年了，并且还将无限期地继续下去。在人类的标准中，这种尺度上的差异对被外骨骼束缚的微小生物蚂蚁来说，是绝不会消失的。

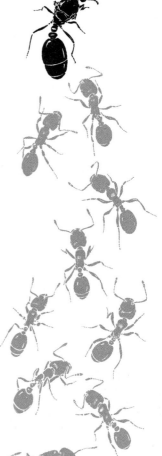

因为蚂蚁生活在方圆数厘米的世界里，所以我们人类很自然地就把它们看作那些微型荒野之地的一部分。每一集群可在很小的生境中生长和繁殖，这些生境可小到一棵树两分枝间、一棵伐木的树皮下或一堆乱石的土壤下。我们认为的"真正的"荒野之地，是超过数百千米的令人恐惧之地。多数森林和草原可能消失或者遭到破坏，但是某些蚂蚁集群仍坚持在某处生活，并且通过其遗传程序延续着它们的生活周期，它们仿佛还生活在人类出现之前的原始世界里。这些超个体（指蚂蚁集群）为了自身的利益决不退让、决不仁慈或变通；并且正如我们现在看到的，它们总是那样的清高和我行我素，直到最后一个集群死去。但是，我们不可能看到将来它们会发生什么，因为它们的微型荒野（生态系统）要比我们自己的"人类-尺度"生态系统更为长久。

以世代计算，蚂蚁在地球上已经生活了超过千万个世代，而人类在地球上的生存不超过10万个世代。在过去的200万年期间，蚂蚁几乎没有什么进化。在生命史中的同一期间，我们的脑结构发生了最复杂和快速的解剖学上的转化。就像一枚发射的二级火箭那样，我们的文化现在仍以若干个世纪的跨度在加速进化，超过了有机进化速度数个数量级。我们是发现和创造地球物理力量的第一个物种，这个力在改变、破坏生态系统和扰乱全球气候。蚂蚁或任何其他野生生物的活动，不管它们如何占优势，都不会使任何其他生命灭绝。相反，人类正在破坏大部分生物量和生物多样性——这就是我们在生物学上占优势而有悖常理的成功。

如果人类灭亡了，剩余的生物就会重回春天并繁荣起来，现在大量的物种灭绝现象终将停止，遭受破坏的生态系统会恢复并向外扩张。不管什么原因，如果蚂蚁灭绝了，其效果正与上述相反，且是灾难性的。物种灭绝之快甚至会超过现今的灭绝速度；陆地生态系统将会更快速地萎缩，因为由蚂蚁提供的环境改良不复存在。

事实上，如人类继续生存，蚂蚁也将继续生存。但是人类的活动正在使地球资源枯竭；我们造成了大量物种的消亡，我们并没有让生物圈成为一个美丽的、适合人类居住的地方。只有让生态系统得以恢复生长并通过数百万年的进化，我们才能充分修复上述的人为损伤。与此同时，我们不要瞧不起这些蚂蚁，而是要尊重它们。至少，在一段很长的时期中，它们会帮助这个世界达到我们所喜爱的平衡。我们初次抵达一个地方时，它们也会暗示我们这里环境是否美好。

现在，我们要为研究蚂蚁的学生和有关群体，简单地介绍如何快速有效地处理有关材料。我们的介绍略显粗糙。在蚂蚁活集群的培养方面，特定物种适合的特定方法会在研究程序中加以介绍，这些也可在有关技术论文中的"材料和方法"那一部分找到。这里我们要介绍的是一般程序或过程，这都是我们多年来的工作总结，几乎适用于所有类型的蚂蚁。

（一）采集蚂蚁

采集蚂蚁很简单，每个人都容易做到。我们一般是把样本放入浓度为80%的酒精或异丙醇中，用异丙醇的一个便利之处是，在世界许多地方无须医生开处方就可用"外用酒精"（rubbing alcohol）的名义买到。保存样本的一个非同寻常但行之有效的方法，是由已故的天文学家和业余蚁学家哈洛·沙普利（Harlow Shapley）采用的，在访问苏联并出席克里姆林宫斯大林的宴会时，他把新黑毛蚁的一只工蚁放入最烈的伏特加酒里。这只蚂蚁现保存在哈佛大学比较动物学博物馆内。我们用的小瓶细而长，高55毫米，直径8毫米，可在一个小的储存空间放许多这样大小的小瓶，在口袋或野外工作包中也很容易携带。小瓶用氯丁橡胶塞封口，这样可把"湿"的物质保存许多年。少数较大的瓶子，高 55 毫米，直径 24 毫米，适合保存最大体型的蚂蚁。

应尽可能多地采集工蚁。就两个集群或两个物种而论，如果你发现有单独觅食的一些蚂蚁，可以将它们混合收集在一个瓶内，不过要在标签上注明。但如果你发现了集群并且可以捕获的话，在一个瓶内应至少有 20 只工蚁、20 只蚁后、20 只雄蚁和 20 只幼虫。在缺少瓶子的情况下，同一瓶内可放若干个集群的成员，但要用棉花将它们彼此分开。一个典型的 55 毫米 ×8 毫米的瓶内可容纳多至 4 个集群的成员。在标签上用细铅笔或不掉色墨水笔，清晰地写上，诸如：

佛罗里达：布劳沃德区安迪镇。

1987-7-16，爱德华·威尔逊，沼泽藻木林，

巢筑于棕榈树朽木内。

若要从瓶中取出蚂蚁，可以用带尖头但不锋利的小镊子。一把很尖细的修钟表的镊子，比如杜蒙特 5 号（一种瑞士镊子），可用来处理特别小的蚂蚁。一个快速有效的方法是用小瓶酒精沾湿镊子的尖部后去触碰蚂蚁。这一过程可使作为样本的蚂蚁在镊子上停留较长时间，有利于把蚂蚁转移到小瓶的固定液酒精中。如果所需样本要做行为观察的话，就需要用细的、富有柔性的镊子来采集活蚂蚁。

若对一特定地区进行普查，应在调查若干天后仍未见到新物种时，结束调查。调查主要在白天进行，晚上用手电筒或头灯专门调查那些夜间觅食的蚂蚁物种。平均说来，一个熟练的调查者

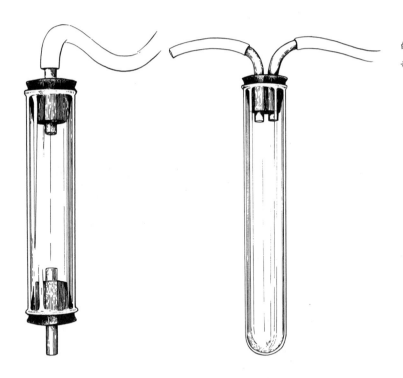

快速采集蚂蚁样本用的两类抽吸器。抽吸管外部用金属网或尼龙网包裹。

可在 1~3 天内完成 1 万平方米的动物区系调查。但是，在具有浓密而复杂的植被地区，例如热带雨林地区，可能要花更长时间并需要一些更有针对性的技术，如对栖息在树上的蚂蚁喷杀虫剂。

对于采集一般的栖息在树上的物种，首先用结实的捕虫网来回地搜索树枝和树叶。然后，劈开灌木或树上的枯死枝条，这样做容易发现用其他方法难以发现的一些物种的集群，特别是那些具有夜间活动习性的集群。有一种快速的采集法是，把栖息（如蚂蚁）的小树枝截成若干小段（3~6 毫米长），并把小段上的栖息者（如蚂蚁）猛吹入小瓶内。抽吸器也可用来快速采集蚂蚁，特别适用于蚁巢刚破裂，蚂蚁正在往四周散开时。在利用这一技术时操作要仔细，因为许多蚂蚁会释放出大量蚁酸、萜烯和其他一些具有挥发性的有毒物质。不小心沾染的采集者有感染蚁酸病的危险——刺激咽喉、支气管和肺部疼痛，但不会致命。

对于栖息在地上的物种，都应在白天或晚上在地面上采集觅食的工蚁。对于那些个体小、行动缓慢而难以发现的物种，需要密切观察。在对森林动物区系抽样观察时，我们常用的一个有效技术是：首先，以趴伏姿势在1平方米的地面上清除散落的叶片，以露出土壤和腐殖质。然后，专注地观察半小时，以等待不显眼的蚂蚁出现。另一个方法是，撒上一些金枪鱼或蛋糕碎末，并跟踪拾起这些碎末的工蚁的回巢路线。

在开阔地带寻找火山口和其他洞穴的蚁巢，可用园艺工人的泥刀挖开蚁巢以寻找集群。翻开地面上的朽木片断和石块，以寻找专门在这些地方筑巢的蚁种。破开已裂朽木和树桩，留心查看这些在树皮底下（微生境）栖息的小蚂蚁物种。铺开一块防潮布（一块白布或塑料布，两邻边长 1~2 米），在其上撒些落叶、腐殖质和表层土，在其上劈开埋在腐殖土堆内的腐朽树干和树枝，通常在腐殖质和落叶层比较厚和潮湿的土堆里，这些树干和树枝内往往藏有大部分的蚂蚁群，并且其中还有许多未被很好研究的物种。

为了采集在地面上、朽木或树枝内筑巢的整个集群，下面的技术经证明是有效的。拾起一段朽木（比如约 50 厘米长），保持在摄影盘或类似的浅盘上方，用园艺工人的泥刀敲击朽木若干次以震出部分集群。虽然朽木的小碎片也会落入浅盘中，但是对搜寻和采集蚂蚁（其中包括整个集群）来说，这种方法要比通过一般"挖洞穴"寻找蚂蚁的方法容易得多。

比较费时但能更完全采集地栖蚂蚁的方法，就是借助"贝尔斯-图尔格伦漏斗"。意大利昆虫学家 A. 贝尔斯（A. Berlese）和瑞典人 A. 图尔格伦（A. Tullgren）是该漏斗的发明者和改进者，故以此命名。该漏斗形式很简单，在漏斗顶部有一层网状物铺盖着，土壤和垃圾状物放其上。当对放上的东西进行干燥（在网状物上方可用电灯泡或其他热源加热）时，蚂蚁和其他节肢动物就会掉进或沿着光滑的漏斗边缘进入采集瓶（装有部分酒精），并聚集在漏斗的喷口下方。

（二）制作博物馆的标本

蚂蚁可永久储存在酒精内，但为了使博物馆展出方便，最好把部分蚁巢系列做成用昆虫钉固定的干制标本。尤其是采集的蚂蚁要送给分类学家做鉴定，这一步就特别重要。做成的干制标本储存在博物馆作为凭证标本，也是为野外或实验研究作参考的最好方式，所有这些研究都应有分类学上的凭证材料。做干制标本的标准方法是：用白硬纸板做小三角形，三角形每一顶端用胶水粘上一只蚂蚁，蚂蚁应放在顶端右侧，并使中足和后足的基节下方触及腹体表面。粘蚂蚁时，胶滴应要尽可能小，只粘上述基节和腹胸表面，这些部分对分类学上的重要性相对小些。接着以下的过程，是把粘好蚂蚁的两个或三个硬白纸板三角形通过其各宽端插入一昆虫针，这样每一昆虫针的一个三角形内是来自同一集群的蚂蚁。注有采集地点的一个矩形标签放在被固定蚂蚁的下方，所以阅读标签时，三角形指向左边，而蚂蚁不会正好与观察者正面相对。在每一昆虫针的标本上应努力做到标清蚂蚁职别最多的多样性，比方说，应有蚁后、工蚁（或最大工蚁、中等工蚁和最小工蚁）、雄蚁。在蚂蚁较大的情况下，一根昆虫针可能只能固定一只或两只蚂蚁。在这种情况下，最好用一根昆虫针直接穿过胸部中心加以固定。

（三）饲养蚂蚁

在实验室饲养和研究蚂蚁相对简单。根据多年来对绝大多数物种的大量饲养和行为观察，我们有了一套简单实用的方法。当把新采集的集群引进实验室（最好有蚁后和有原来蚁巢的材料）时，将其放在一个饲养桶内，桶的大小要与容纳有关集群工蚁的数量和个体大小相适应。例如，火蚁属有关物种的集群，含有的火蚁个体数可高达 2 万只，实际上可在一个长 × 宽 × 高（深）= 50 厘米 × 25 厘米 × 15 厘米的桶内饲养。为了防止蚂蚁逃走，要保持蚂蚁空间的湿度，我们采用了不同的方法。在饲养桶的周边涂上凡士林胶、重矿物油，或者更可取的是涂上聚四氟乙烯，聚四氟乙烯既有效（提供丝织品般的光滑表面）又耐用，但缺点是不耐潮。集群也可放入试管中：其规格是 15 厘米长，内径 2.2 厘米；灌入水后用棉塞塞紧管底部，从棉塞到管口留下约 10 厘米的大气空间。这 10 厘米的试管节段的外围包有铝箔用来营造一段黑暗空间，以促进蚂蚁进入，大多数情况蚂蚁会立即进入。蚂蚁进入后，除去铝箔以便对蚂蚁的行为进行研究。大多数蚂蚁物种能很好地适应普通室内的光照强度，明显地在以正常的方式进行幼虫抚育、食物交换和其他社会活动。这些试管，在引入蚂蚁集群前，可以堆放在上述饲养桶的一端，以使桶底部大部分表面空出来作为觅食区。

这些试管就相当于蚁巢，蚁巢管也可放在一个可关闭的塑料箱内，这样就可较容易地保持森林区中的大气湿度，因此更适合栖息于森林中蚁种用巢。下列尺寸的蚁巢管，对于具有不同大小工蚁的蚁种基本上都适合：

小巢管：长 × 宽 × 高 = 11 厘米 × 8.5 厘米 × 6.2 厘米。适用于很小的蚂蚁，诸如顶端切叶蚁属（*Adelomymex*）、心节蚁属（*Cardiocon-dyla*）、细胸蚁属的蚂蚁；也适用于小蚂蚁，诸如大头蚁属（*Pheidole*）和鳞蚁属各物种的蚂蚁。上述所有各物种的蚂蚁，实际上也可在小的圆形玻璃培养皿（直径 10 厘米，高 1.5 厘米）中饲养。

中巢管：长 × 宽 × 高 = 17 厘米 × 12 厘米 × 6.2 厘米。例如，适合于盘腹蚁属、矛蚁属和蚁属各物种的蚂蚁；也适合于木工蚁属、收蚁属（*Messor*）收获蚁属各物种的较小集群。

大巢管：长 × 宽 × 高 = 45 厘米 × 22 厘米 × 10 厘米。例如，适合于大头蚁属、收获蚁属和火蚁属各物种的较大集群。

对基本蚁巢管做出的种种变动，可适应于具有特殊居巢习性的蚂蚁物种居住。例如栖息在树干上的伪切叶蚁属和树蚁属（*Zacryptocerus*）的蚂蚁集群可以使用 10 厘米长和直径 2~4 厘米（大小以工蚁大小而定）的巢管。巢管的（封闭端）用湿的棉花塞塞紧。棉花塞能保持湿度，但在许多情况下没有必要，因为树栖蚂蚁能适应巢内的干燥环境，所以在巢管旁边放一小碟水就可提

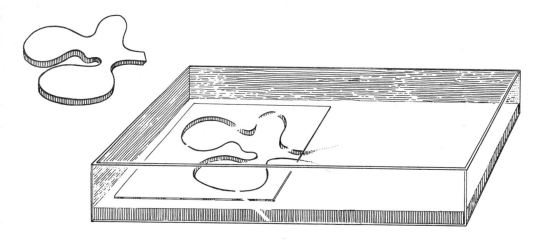

　　制作人工蚁巢的一个方法。以橡皮泥或精细聚醚为复制材料（复制胶），模拟野外蚁巢做成的模板（左）；然后，模板放在人工巢（左边）的底部，在其周围倾入巴黎灰石膏浆；接着，一块玻璃板轻轻放在模板顶部。当灰石膏浆硬化时，抬起玻璃板和移走模板。最后，玻璃板放回原模板顶部。蚂蚁通过印模右方的小通道到达人工巢其他地方。

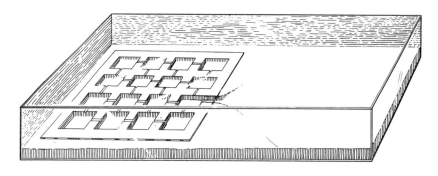

　　由巴黎灰石膏浆制作的具有多个小室（相当上述的多个塑料盒）的水平式蚁巢。该巢位于具有大觅食区的灰石膏浆地面内。这些小室相互连通并用一块玻璃板覆盖。定期在玻璃板周围注入水以保持小室内适宜的湿度。

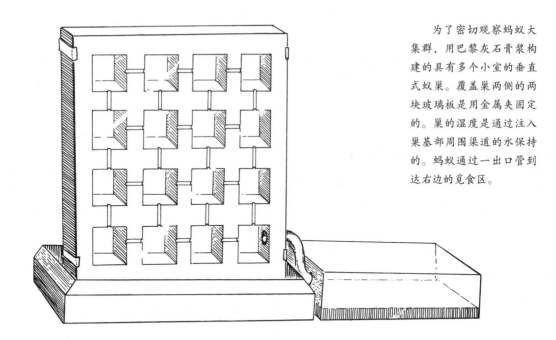

为了密切观察蚂蚁大集群，用巴黎灰石膏浆构建的具有多个小室的垂直式蚁巢。覆盖巢两侧的两块玻璃板是用金属夹固定的。巢的湿度是通过注入巢基部周围渠道的水保持的。蚂蚁通过一出口管到达右边的觅食区。

供适宜的湿度。然后，含有一个集群的一组巢管放入前述的饲养桶内。或者这一组巢管可水平排列在架子上。或者为了模拟自然环境，可以放在盆栽植物上。

种植真菌的小蚂蚁集群容易在饲养桶内的潮湿巢管内保存；种植真菌的大蚂蚁，诸如顶切叶蚁属和切叶蚁属的切叶蚁，最好保存在美国昆虫学家尼尔·韦伯（Neal Weber）开发的容器中。在野外采集的新受精蚁后或新生集群，都可转移到一系列可关闭且清洁的塑料盒中，每个盒约长 × 宽 × 高 = 20 厘米 × 15 厘米 × 10 厘米，普通冰箱那种透明的食物保存盒就很适用。把这些塑料盒用直径 2.5 厘米的玻璃管或塑料管连接起来，以便蚂蚁在盒间移动。觅食工蚁可从（没有饲养蚂蚁的）空塑料盒中、从其壁涂有聚四氟乙烯的非密闭饲养桶中，或者从被水或无机油环绕的饲养桶中获得食物，通常这些空塑料盒和饲养桶中都有新鲜植物，有时还附加干的谷类食物。当集群的规模扩大时，就用加工过的呈海绵状的基质团块填充有蚂蚁的塑料盒，这样共生真菌就可以繁茂生长了。除非实验环境非常干燥，这时不必额外添加水分，因为这些蚂蚁可从真菌园地中获得全部的水分。蚂蚁可接受来源广泛的树叶，在美国北部，我们常用椴树、橡树、槭树和丁香树的叶子，而后两种叶对工蚁最具吸引力。集群工蚁会把耗尽营养的废物运送到另一些塑料盒中，我们可以随时清理。

为了更精确地研究蚂蚁的行为，往往需要更为精细的人工蚁巢。以下人工巢适合于绝大多数蚂蚁物种。

用于行为研究的人工巢的制作如下。用巴黎灰石膏浆灌注一个 2 厘米深的石膏板块构成饲养桶底部[①]，这样深的底部大小应适合目前研究的工蚁大小和集群的大小，对于小蚂蚁，例如窃蚁，饲养桶可能仅是 10 厘米 × 15 厘米，深 10 厘米。当上述巴黎灰石膏浆凝固时，在其表面雕琢出 10~20 个小室。这些小室的大小和比例大致与要饲养集群的自然蚁巢相似。生活在朽木部分的某些中等大小的蚂蚁物种的小室，在形状上是典型的卵形或圆形，宽约 1~4 厘米，雕琢的小室应约长 × 宽 × 深 = 2 厘米 × 3 厘米 × 1 厘米。人工巢各小室以宽和深各为 5 毫米的走廊相连，并用一块长方形玻璃板盖严。从最靠外边的小室挖出 2~4 个出口通道以到达石膏板块表面作为觅食区的其余部分。觅食区表面可撒一些原来蚁巢附近的朽木和叶等片断，以增加这一微环境的自然性。

为了大量构建巴黎灰石膏的蚁巢，我们用橡皮泥做成一个模

---

① 石膏板块的长与宽与饲养桶的大小与个数有关。——译者注

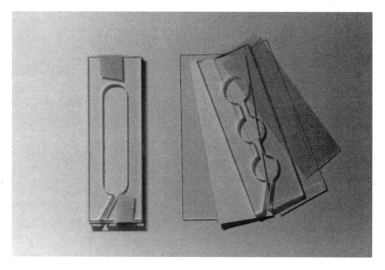

构成如显微镜载物片（76毫米×26毫米）那样具有相互连通的三小室的蚁巢，可以容纳细胸蚁属和其他小蚂蚁的整个社会活动。巢穴由硬纸板或有机玻璃片剪切而成，形状与天然蚁巢相似。巢用红箔片覆盖，这样给蚂蚁营造成了一个黑暗的自然环境，然而对人又是可见的而有利于观察。必要时可向滤纸地层添加些水以保持湿润。

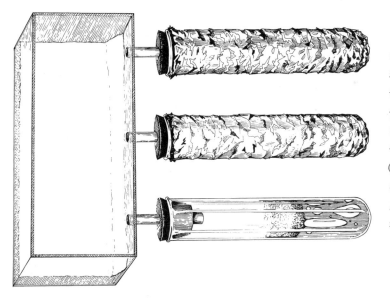

玻璃试管（可用铝箔包住以营造内部的黑暗环境）营造的人工巢，适合许多蚂蚁物种的活动，也便于野外采集携带。试管内的湿度由塞紧在试管底部的（蘸水）棉花球提供（如最下面的试管所示）。这些试管人工巢通过插入橡皮塞的细玻璃管与觅食区相通。

具，其表面是蚁巢的各小室和走廊，但方向与实际的相反。用巴黎灰石膏浆注在模具上，当浆凝固时，拔出来就形成了人工蚁巢的上部分甚至所有部分。

实验室的蚂蚁饲料，我们采用了巴特尔配方（Bhatkar diet，其名称是以配方的发明者 A. 巴特尔命名的）：

1 个鸡蛋

62 毫升蜂蜜

1 克维生素

1 克无机盐和盐

5 克球脂

500 毫升水

把上述球脂溶解在 250 毫升的沸水中后冷却（称为琼脂液）；用打蛋器搅拌 250 毫升水、蜂蜜、维生素、无机盐和鸡蛋，直至搅匀（称为混合液）；把琼脂液加入混合液中，且不断搅拌；将配方（搅拌液）注入直径 15 厘米的 4 个皮氏培养皿中，稠度与果子酱类似。

大多数食虫性的蚂蚁物种，每周喂 3 次上述配方饲料，并辅以少量新近捕来的昆虫片段，诸如粉甲属（Tenebrio）的粉虱、叶跑舟蠊属（Nauphoeta）的蟑螂和蟋蟀，这样它们就可以生长得很好。如果这些蚂蚁也是捕食者，当允许它们进入具有果蝇（最好是无翅果蝇）的瓶内时，就会生长得更好；或者，把冰冻的成体果蝇撒在觅食区作为蚂蚁的觅食对象。

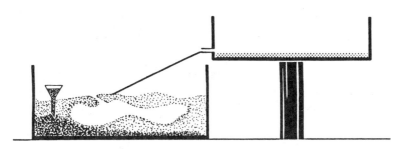

　　在装有部分沙的一个玻璃缸内，很容易饲养收获蚁一个相当大的集群，通过周期性地往一漏斗注入可保持沙地（至少是沙底）湿润的水。蚂蚁在沙地上的筑巢小室和通过一细木桥到达觅食区（如右边显示的高台区）觅食。

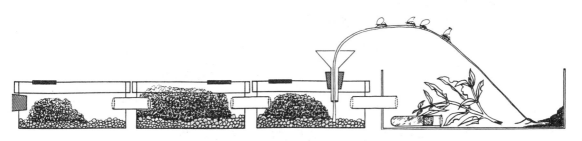

　　切叶蚁属的切叶蚁，尽管有大而复杂的社会，但在如这里所说的一系列小室中很容易饲养。其集群包括母蚁后，栖息在此塑料盒内，而每个盒的大小接近15厘米×20厘米×10厘米。在每盒底部放些泥卵石以帮助调节湿度。这些盒子的盖各有一个小的开口，是用具小眼的细铁丝网封住的以有利于透气。当一个小集群首先安顿下来时，可把几个盒子用玻璃管连接起来。当集群增长时，可继续增加一些盒子。其中一个盒子，通过一个漏斗向外开放，其盒内的多点表面用滑石粉封住以防蚂蚁从此爬出。用一根富有弹性的柳枝连接漏斗和觅食区，觅食区的各个壁是用聚四氟乙烯或滑石粉粉刷的，以防止蚂蚁潜逃。觅食区放有叶子让蚂蚁采集，随之还有一个水管为蚂蚁提供了另一湿度的来源。

（四）转移集群

当完成一次转移时，集群在瓶内或其他密闭容器内可保存数天或数周，但要满足以下的某些基本规程。首要的也是不可缺的规程是，蚂蚁必须被转移到潮湿区——不是被水层或水滴淹没，这可能导致蚂蚁死亡，而是周围是水气饱和的空气潮湿区。这一理想的转移，即具有理想的潮湿区是蚁巢材料本身直接放入转移瓶内的一部分，当然最好是集群的一部分。用瓶转移时，在瓶底部应塞上一湿润的（但不会滴水的）棉球或湿纸巾。转移容器中的其余部分可用蚁巢材料、松软纸巾或其他中性材料，以防止集群在转移过程中受到撞击。

集群环境不能拥挤，蚂蚁数量决不能超过转移容器容积的1%。容器的盖应严实。除非集群异常活跃或富于攻击性，否则没有必要在盖上打孔通气。实际上这一做法也有使环境过于干燥的风险。一天把盖打开一两次，并把容器轻轻来回摆动以更新容器内空气。如果转移过程超过数天，可给集群数滴糖水和一些昆虫片断或其他食物。如果蚂蚁在密闭容器中保存时间过长而表现出濒临死亡状态，可以用二氧化碳麻醉它们。随之把它们置于露天数小时，看是否能苏醒过来。

由于许多国家对进口活昆虫有限制，所以在国外采集生活集群之前，咨询相关的政府机构是必要的。例如，在美国，必须首先得到有关州批准后，才能在美国农业部（动植物卫生检测服务局植物保护和检疫局、植物进口和技术支持局）领取准许证。整个程序通常需要6~8周时间。（带着活昆虫）进入美国时，必须对有关海关展示有关准许证。

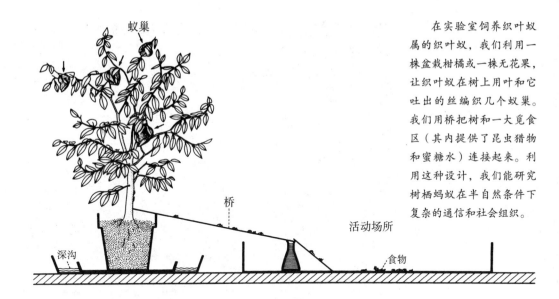

蚁巢

桥

活动场所

深沟

食物

在实验室饲养织叶蚁属的织叶蚁，我们利用一株盆栽柑橘或一株无花果，让织叶蚁在树上用叶和它吐出的丝编织几个蚁巢。我们用桥把树和一大觅食区（其内提供了昆虫猎物和蜜糖水）连接起来。利用这种设计，我们能研究树栖蚂蚁在半自然条件下复杂的通信和社会组织。

越来越多的国家都限制制作生物标本或活生物样本出口，其中就包括昆虫，因此，（为了特殊需要）应办理有特殊的出口准许证，咨询和尊重有关当局的法规总是必要的。

织叶蚁以及栖息在树上的其他蚂蚁集群可在"试管树"中饲养：这是由多排试管用夹子固定在实验架上组成的（右）。每一试管从底部的 $\frac{1}{4}$ 部分用浸透水的棉花球塞上。在我们饲养过程中，蚂蚁封闭蚁巢入口后还可在巢内构筑丝壁，细分成多个生活空间：最右边上方和下方，分别是一丝壁和多丝壁的正面和侧面。

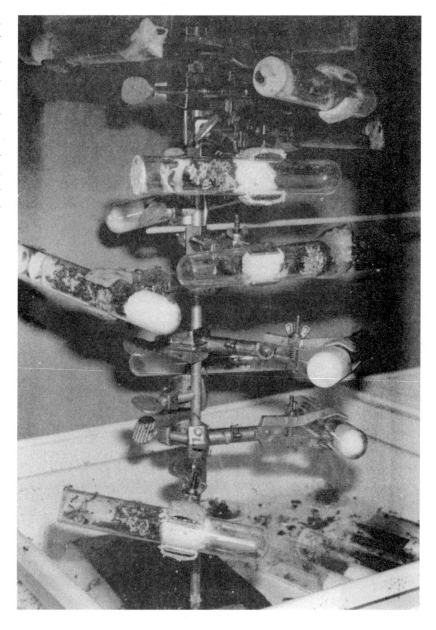

致谢

书中所有没注明出处的插图都为我们所作。每章章首边页上的铺道蚁为艾米·巴特利特·赖特（Amy Bartlett Wright）所画。引用其他作者有关著作的来源，在有关部分都有所标注。我们要特别感谢美国国家地理学会允许复制由约翰·道森所画的若干出色的插图（这些图来自 B. 霍尔多布勒论文《蚂蚁奇妙多样性的方式》，载美国《国家地理》杂志，1984 年 6 月，778~813 页）。

我们非常感激凯瑟琳·霍顿（Kathleen M. Horton，原稿准备和文献调查）、海尔格·海尔曼（Helga Heilmann，照片加工处理）和玛路·奥贝迈耶（Malu Dbermayer，技术协助）宝贵的专业帮助。

威尔逊和霍尔多布勒把研究蚂蚁的成果写成专著《蚂蚁》，该书获得了 1991 年的普利策非虚构文学奖，其读者对象主要是从事该领域的其他生物学者。为了惠及一般读者，他们又把成果写成科普读物《蚂蚁的故事》。

这是一本具有优美的文笔、形象的比喻、通俗而不失科学性的科普读物。例如在本书第八章，作者们引述了达尔文用自然选择学说解释像蚂蚁这类昆虫的利他或自我牺牲的行为时，遇到了"特殊的困难，这一困难首先对我来说似乎不可克服，并且实际上对我的整个理论是毁灭性的。"达尔文为了拯救其自然选择学说，凭借想象和逻辑推理能力，在《物种起源》中引入了自然选择是作用于"集群"而不是通常作用于"个体"的概念。在他的想象中，如果集群的某些个体不育，而这不育对可育的、具有血缘关系的个体的繁荣又是重要的话（就像昆虫集群那样），那么在"集群"水平而非在"个体"水平上的选择，不仅可能甚至还不可避免。

达尔文去世后，英国遗传学家汉密尔顿从遗传本质上重启了达尔文形象的血缘选择的课题讨论，且从遗传上得到了合理解释。他说，由于膜翅目昆虫是"单倍体-二倍休"的性别决定方式，所以在集群水平上就具有社会性的倾向，表现了一般难以理解的昆虫的"利他行为"；而包括人类在内的许多动物，是"二倍体-二倍体"的性别决定方式。所以，用类似人类和其他许多动物的性别决定方式，从亲代向子代传递基因所具有的行为，去套用蚂蚁的性别决定方式下从亲代向子代传递基因所应具有的行为，就会显得矛盾重重。这是基因影响社会行为的一个好例子。在人类的行为中，同样可见到血缘选择的例子。以人类为例，继父继母对继子继女（血缘相关系数 = 0）的关爱一般少于对亲生子女（血缘相关系数 = 1/2）的关爱，甚至还较常见虐待继子继女的，而父母虐待亲生子女的极为罕见。

雄性蚂蚁在集群中从不干活，是个游手好闲者。所以，作为科普读物，作者接着就运用文学而又不失科学的手法写道："如果你是雄性，有一个懒方法最为适合，争取做整个集群的父亲，这样你就不必花时间去抚育妹妹，也不必冒生命危险去外面觅食，只需在集群中更好地活着，为了给蚁后授精好好地特化你的身体和行为。简言之，如果你是膜翅目集群中的一只雄性昆虫，那就做一个懒汉吧！"译者认为，无论是从事自然科学还是从事社会科学的工作者，此书都很值得一读。因为它对自然科学工作者提供了一些社会科学基础，对社会科学工作者提供了一些自然科学基础。这两方面的学者有了共同的理论基础，讨论问题就会有共同语言，就会避免"瞎子摸象"的片面性。

该科普读物还可作为理解威尔逊的专著《社会生物学》的入门书，因为后者是他在研究蚂蚁行为的基础上扩展到其他生物而成。

感谢后浪和出版社在校对、编辑、版式设计和印刷诸方面显现的才智和付出的辛劳而使该书增色不少。

为了不违背我国的有关法规，有少数几处未译。译文若有误之处，请指正。

2019 年 1 月

我们身边有很多生物，不管你关注与否，它们都在按照自己的法则生存着。蚂蚁就是其中之一。

蚂蚁的起源可追溯到一亿多年前，在如此漫长的时间长河中，连恐龙这样凶暴的物种都早已灭绝，为什么蚂蚁可以繁衍至今？读了这本书，你就能明白蚂蚁成功的秘诀。

本书开篇就从蚂蚁的优势讲起，它们惊人的个体数量，勤劳的生活习惯，顽强的适应不同恶劣环境的能力，明确有效的分工，无一不让我们惊叹，甚至称蚂蚁集群是生态学的主宰。

从生物的角度来说，所有物种繁衍的目的就是传递基因，而在这个过程中，包括蚂蚁在内的社会性昆虫似乎找到了一个传递基因最大化的办法——让一只蚁后专职负责生产后代，集群其他个体担起维持集群生存的其他工作，逐渐演化出了蚂蚁分工协作的生存模式。

或许真的有人认为，蚂蚁的交流方式是通过触角的电波？或者蚂蚁不会像人类一样发生矛盾冲突，等等。有关蚂蚁的合作、种类等的所有误解和疑问，都可以在这本书中找到答案。

本书的两位作者历经多年的潜心研究，希望通过这本《蚂蚁的故事》与读者共同分享研究蚂蚁的过程和成果，感受这份对自然的执着与热情。

服务热线：133-6631-2326　188-1142-1266

读者信箱：reader@hinabook.com

后浪出版公司

2019 年 4 月